入門テキスト

環境とエネルギーの経済学

Omori Takashi
大守　隆 著

東洋経済新報社

はじめに

日本は昭和の公害問題を克服し、エネルギー効率も世界最高水準になったが、環境をめぐる重要な課題はまだ多く残されている。2011年3月に起きた福島第一原子力発電所の事故は未曾有の環境汚染を引き起こしたが、完全な解決には何十年もかかることが予想されている。また、地球温暖化に対する国際的な取り組みの中で、日本は京都議定書の第2約束期間のコミットをやめてしまった。ドイツにならって導入した再生可能エネルギーの固定価格買取制度（FIT：Feed-in Tariff）でも様々な問題が生じ、見直しが行われた。一般ゴミについては、先進国の中で突出して焼却率が高く、有害物質が大気中に拡散されていることが懸念される。

環境に関する諸問題の解決には科学技術の開発が必要であることは言うまでもないが、上記の諸問題は、いずれも既存の科学技術が有効に活用されていないことに起因しているように思われる。原子力発電所の予備の電源設備をなぜ津波で水没する場所に設置したのか、開発途上国にいかにして高効率の発電所を普及させるのか、なぜ認定を受けた太陽光発電設備の大半が未稼働であるのか、などの問題はいずれも、科学技術というより「仕組み」や「インセンティブ（誘因）」の問題に関連している。インセンティブとは人々に何かをしようと思わせる、あるいは何かをしないでおこうと思わせる要因のことである。経済的なものが重要であるが、宗教・規範・罰則などの非経済的なものもある。

また、より長い目で見ると、科学技術の発展方向自体も「仕組み」や「インセンティブ」の影響を受ける。日本ではかつて世界に先駆けて住宅用太陽光発電設備への補助金を1994年度から設けていたが、それを2005年度限りで一度中止してしまったことが、その後の立ち遅れにつながっている。

経済学とは、お金の話をするだけではなく、「仕組み」や「インセンティブ」をどのように改善しうるかを考える重要な方法論である。もちろん、経済学は万能ではなく、様々な限界も有している。本書では具体的な問題を取り上げつつ、環境とエネルギーの問題に対する経済学のアプローチについて解説する。

環境の問題とエネルギーの問題は多くの分野で密接に関連している。地球温暖化、原子力発電、再生可能エネルギー、中国の大気汚染など、環境とエネルギーの両方の分野に関係した重要な問題は多いが、これまで日本では別々の官庁が担当し、相互の連携は十分とは言えなかった。このギャップを少しでも埋めたいというのも本書の問題意識の１つである。

本書が想定している読者は、１つには環境とエネルギーの問題に関心を持つ大学学部学生である。いわゆる文科系の学生だけではなく、理科系の学生にも学んでいただきたい点を多く盛り込んである。また、具体的な環境問題に取り組んでいる企業やNPOの方々、およびエネルギー産業に従事する方々や省エネルギー商品を作る企業の方々にも有用な視点が提供されていると考えている。

誰のために環境を改善するのか、利害関係が錯綜する時にはどのような基準で考えるべきなのか、問題の性格に応じてどのような解決策が望ましいのか、解決策がどの程度成功したかをどのように測定すればよいのか、といった点は、環境問題に携わるすべての人々が留意すべき問題である。

本書が想定している予備知識は、大学で一般教養として教えられているレベルの経済学、特にミクロ経済学である。ただし、その素養がない読者が読まれることも想定して、必要な解説は加えてある。しかし、不安がある場合には、そうしたキーワードをインターネット検索するなどして補足していただきたい。各章の冒頭にはキーワードを掲げている。

一方、経済学としての本書の内容は、入門レベルから出発しているが、章によっては学部レベルを少し超えたところまでカバーしている。本書とミクロ経済学との関係は、厚生経済学と生産関数論と呼ばれる分野が中心であるが、ミクロ経済学の教科書の中にはこの２分野に関しては、取り上げないか、中途半端な取り上げ方にとどまっているものが多く、本書をその範囲に限定すると、重要な問題の説明が十分にできないからである。ただし、数学的な証明や厳密さにはこだわらず、本質的な内容を直観的に説明する方法を用いている。

本書の特徴は、以下の３点である。

第１は、実例を多く盛り込んでいることである。このために多くの章でコラムを設けている。実例は、環境とエネルギーに関する諸問題が身近な問題であることを認識するうえで役に立つばかりでなく、理論を理解するうえでも重要であると考えたからである。ただし、取り上げたトピックの状況は変化していくので、できるかぎり、時点を明確化して述べるようにした。

第２は、自然科学的な知識もある程度は盛り込んだことである。環境問題やエネルギー問題の多くは自然科学的な現象と密接に関係している。問題の本質を理解していただくために、必要な範囲で解説を加えた。

第３は、意思決定のあり方についても意識的に取り上げていることである。環境やエネルギーの問題を解決するためには社会的な取り組みが必要なことが多く、そのためには社会的意思決定が不可欠である。それがどのようになされており、どのような改善の余地があるのかについても論じている。

各章末には、穴埋め式または選択肢式の復習問題を付けてある。答えは巻末に掲載してあるが、これは解答例であって、趣旨が同じであれば、必ずしも同じ言葉でなくても正解と考えていただきたい。

本書が日本と世界の環境問題の改善にいささかでも役に立つことを期待したい。

2016年10月

大守　隆

目　次
入門テキスト　環境とエネルギーの経済学

第5章 政策手段と部分均衡分析

第6章 環 境 税

第7章 排出権取引

第９章　環　境　評　価

第 10 章 環境の経済的価値

第 11 章 環境とエネルギーの技術

第 12 章　経済成長・経済発展と環境

第14章　日本のエネルギー政策

コラム一覧

第1章

環境とエネルギーの経済学では何を学び、何を問題にするのか

環境もエネルギーもわれわれの生活に密接な関係を持っており、日常会話でもよく使われる言葉である。どちらも多様性を持った言葉であり、厳密な定義は容易ではないが、本書の視点から、この2つの概念を取り上げた後に、経済学の方法論についても批判的観点を含めて解説し、本書が何をどのような視点で取り上げていくかを説明しよう。

キーワード

環境　エネルギー　経済学　事実解明的分析
規範的分析　合理性　社会的選択
BAU（ビジネス・アズ・ユージュアル）　ベースライン

1　環境とエネルギーの経済学では何を学ぶのか？

（1）環境とは何か？

「**環境**」と付く言葉は多い。思いつくままにあげてみると、自然環境、生活環境、家庭環境、社会環境、事業環境、時代環境、経済環境、制度環境などがある。こうして列挙してみると、われわれは様々な「環境」に囲まれて暮らしていることがよくわかる。

筆者の環境についての一応の定義は「主体を取り巻く場の性質や条件」である。そして「環境」の「境」は主体と場との境界と考えられる。「主体」としては、個人、企業、社会、政府、NPO／NGOなどの様々なものが考えられる。

また、環境は、「所与として与えられており、われわれの働きかけによっては動かせないもの」（外生的なもの）と考える場合もあるし、「われわれの働きかけによって動かしうるもの」（内生的なもの）と考える場合もある。前者の場合には環境の制約や影響を、後者の場合には環境とわれわれの行動との相互作用を議論していくことになる。どの程度外生的であるかは、問題として考えている環境の性格や想定しているタイム・スパンによって異なると考えられる。

もう1つ大切なことは、環境とは物理的なものだけではないということである。社会的、経済的、法律的、心理的なものも重要な環境である。そして、こうした側面と自然科学的な環境とは現実には複雑に絡み合っている。例えば、2011年3月の福島第一原子力発電所の事故の原因を解明するうえでは、電力会社に対する規制という制度的な環境の影響を無視することはできない。また、異常気象の頻発という自然環境上の変化が、地球温暖化に対する国際的な取り組みという、制度的環境の変化の必要性への関心を高めているが、一方で、リーマン・ショック以降の経済環境の悪化はそうした取り組みを遅らせた要因の1つになっている。

このように様々な側面において環境は、相互に密接に関係しているが、学問体系では縦割りになっており、特に日本ではその傾向が強い。こうした問題をどのように克服して、現実の役に立つ学問とするかが大きな課題である。

(2) エネルギーとは何か？

エネルギーについてはあまり解説を必要としないであろう。われわれが日常に使う電気、自動車を動かすガソリン、工場で燃やす重油などはすべてエネルギーである。われわれ自身の身体の動きもエネルギーの消費であり、生物のエネルギー効率が優れていることはよく知られている。しかし、そうした概念と自然科学で用いるエネルギーという言葉には違いがあることに気がついている読者は多くないのではないだろうか。

自然科学ではエネルギー不変の法則（エネルギー保存の法則とも言う）があって、エネルギーは減ることはない。しかし日常生活ではわれわれに使いやすい形のエネルギーが使いにくい形の（例えば摩擦熱などの）エネルギーに形を変えてしまうことを指して、われわれはエネルギーを消費した、とみなしているのである。こうしたことから、エネルギーの利用という観点からは、エネルギーの形態や「使いやすさ」が本質的な問題であることがわかる。

(3) 経済学における2つのアプローチ

経済学には様々な分野がある。ミクロ経済学、マクロ経済学、労働経済学、産業経済学、計量経済学、厚生経済学、情報の経済学などである。さらに近年では、結婚の経済学、介護の経済学といったタイトルの本も刊行されている。経済学は一応、「希少な諸資源を、いかに配分し、いかに生産するかを研究するもの」と定義できるであろう。しかし、以下のようないくつかの点を強調しておきたい。

第1は、経済はお金の話だけではない、ということである。経済学が対象とするのは、資源の使い方や人々の行動の解明である。したがって、夏休みという限られた時間の中で各科目の勉強時間をどのように配分するかとか、休養や気晴らしにいつ、どの程度の時間を割り当てるべきか、といったことも経済学の分析対象になりうるのである。

第2は、経済学には2つのアプローチがあるということである。1つは事実解明的分析であり、もう1つは規範的分析である。**事実解明的分析**（positive analysis）とは、事実を客観的に明らかにしようとするものであり、行動の解説も含まれる。例えば、「×× 市の世帯の自家用車の普及率が○○%から△△%に増加した」とか、「いわゆる炭素税（地球温暖化対策のための税）の導入によって、日本の二酸化炭素排出量が△△%抑制されるであろう」などは事実解明的分析である。これに対し、**規範的分析**（normative analysis）とは、何が望ましいかを明らかにするものである。例えば、「×× 市の世帯の自家用車の普及率は○○%にまで下がることが望ましい」とか、「2012年から導入された日本の炭素税の税率はまだ低すぎる」といった分析である。

後者の規範的分析を行うためには、何らかの価値基準が必要である。すなわち、①誰にとって、②なぜ望ましいのか、が問題になる。こうした価値基準は分析者自身のものであってもかまわないが、たんに「私が望ましいと思うから、これが望ましい」と主張するだけでは学問的な客観性は主張できない。より客観的で説得力のあるモノサシを明示したうえで、「このモノサシに即して評価すると最適値は○○%である」といったような主張をすることが必要である。そして、このモノサシは複数であってもかまわない。

一方、前者の事実解明的分析については、それ自体は価値判断から独立したものである。ただし、どのような問題を取り上げるのかについては分析者の価値観が反映される。

2　経済学の方法論

この節では、経済学の方法論について考えてみよう。経済学では、何らかの原理に基づいて説明や分析を試みるのが普通である。最も基本的な原理としては、合理性、効用最大化、利潤最大化、などがある。こうした原理に基づいて、理論あるいはモデルが組み立てられる。理論やモデルは、分析の目的に照らして、現実の本質的な部分を簡単に描写することを目指したものであるが、現実そのものではないことには注意が必要である。原理を想定しないとモデルは作りにくいが、現実は原理どおりには動いていないというジレンマがある。しかしだからといって、原理を何も想定しないと、「何でもあり」になってしまう。したがって、何らかの原理を想定し、それを用いたことを明示しつつ理論を構築する一方で、その原理が現実的であるかについての検証も並行して行うことによって、学問としての規律を保つことになる。しかし、このことは一方で限界も意味している。原理を見つけにくい分野では理論が構築しにくいからである。

ここで経済学が想定する典型的な原理の例として「**合理性**」を取り上げてみよう。様々な「合理性」が議論されているが、ここでは、時間に関するもの、集団に関するもの、予想に関するもの、の３つを取り上げる。

（1）双曲割引

「人や企業は自ら立てた計画を実行することができる」かどうかに関する問題を扱うのが双曲割引である。そんなことは当たり前ではないか、と考えた読者はわが身を振り返っていただきたい。何かやるべきことを「今日やるつもり（やるべき）だったが、１日遅れても大きな差はないから明日にしよう」と翌日に回し、翌日になるとまた同じように考えて、結果的に相当に遅れたことはないだろうか？　子どものころ、夏休みの勉強の計画を予定どおりに実施できただろうか？　予想外の事態のために遅れるのはやむをえないとしても、特段の事情がなかったのに遅れたことはなかっただろうか？　また明日から禁煙（やダイエット）をすると決意して、「最後」のタバコを吸った（ケーキを食べた）はずなのに、翌日になっても実行が先送りされたことはなかっただろうか？

こうしたことを正面から取り上げたのが、ストロッツ[1)]である。彼は、人間の時間割引率の形に注目した。おおざっぱに説明すれば、楽しい何かを今日やることの喜びは明日それをやる場合に比べて大きく、明日やることの喜びは明

1）　R. H. Strotz (1955) "Myopia and Inconsistency in Dynamic Utility Maximization," *Review of Economic Studies*, Vol. 23, pp. 165-180.

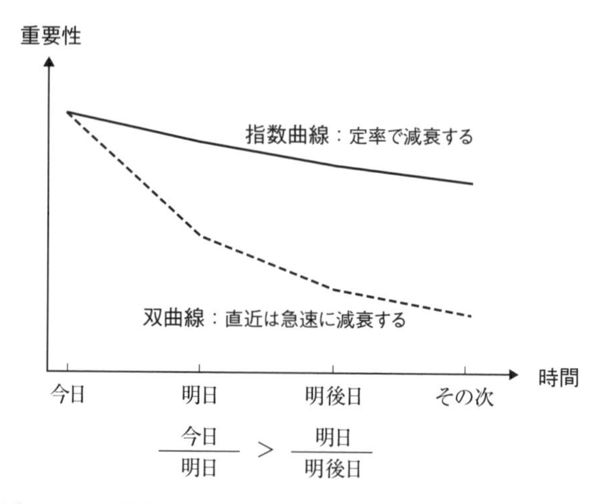

図表 1-1　双曲割引：時間割引率は定率ではなく急に減衰する

後日やる場合に比べて大きい。楽しくないことを行うことについての心理的抵抗も同じである。将来に向けて喜びや抵抗が減衰していく比率が時間割引率である。

問題は、今日の時点で評価した明日と明後日の時間割引率の比率が、1日が経過して、明日が今日になり明後日が明日になると変わってしまうのではないかということである。毎日同じ割合で時間割引率が下がっていくのではなく、人間にとって、今日が特に大事であり、明日と明後日を比べた比率は、今日と明日を比べた比率ほどには大きくないのではないか、ということである。もし、そうであるとすると、今日立てた計画では明日やることになっていたことが、1日を経た明日になると実行できないことが起こるのである。このことで、個人や企業や行政の先送り体質を説明することができる。双曲割引という名前の由来は、横軸に時間を、縦軸に人々が今日の時点で想像する喜びや抵抗の大きさを取ってグラフを描くと、時間とともに定率で減衰する指数曲線ではなく、直近の時点では急速に減衰する双曲線のような形をしているのではないか、という考えによるものである。

（2）社会的選択

「人は様々な選択肢を、望ましい順に矛盾なく並べることができる」というのが、経済学で重視されている効用関数の基礎となる考え方である。ある問題（例えば、昼食に何を食べるか、次の週末に何をして過ごすか、ある環境問題に対してどのような対策を導入すべきか、など何でもかまわない）に関して様々な選択肢があって、それをA、B、C、……と表すことにしよう。また望ましさの順序をここでは便宜的に不等号で表すことにし、$A>B$なら選択肢Aは選択肢Bより望ましい、という意味で使うこととする。同程度に望ましいものについては等号「＝」を用いて表すこともできるが議論の本質に影響しないので、以下では、議論を簡単にするために等号の可能性を無視することにする。

まず、複数の選択肢の望ましさが、矛盾なく並べられることとは、以下の3条件を満たすことである。

①$A>B$、なら、$B>A$、ではない、
②$A>B$、かつ、$B>C$、なら、$A>C$、である。
③AとBだけを比較して、$A>B$、であれば、Cが選択肢に加わっても、$A>B$、である。

これを読んで「当たり前」と感じる読者も多いと思う。

しかし、集団（社会）の意思決定に関しては、これは必ずしも成立しないのである。構成員の選好を集約して、集団全体の選好を導く手続きで、常識的と思われる諸条件を満たすものは存在しないことが証明されている。この点については第8章「社会的意思決定」で詳しく述べる。

(3) 合理的期待形成

もう1つの合理性の例は、予想に関するものである。「人や企業はシステマチックに予測を誤り続けることはない」かどうかに関する問題であり、「誤り続けることはない」とするのが合理的期待形成の考え方である。システマチックな誤りとは、「○○の時にはいつも上側に外す」、といったように、予測に癖があることを指す。この考えを理論的に説明することは容易である。例えば、原油の価格を予測するうえで、いつも冬場には高過ぎる予測をしてしまう癖のある人は、そのことに気がついて、その分を差し引いた予測値を作るようになるで

あろう、と考えるのが自然だからである。しかし現実には必ずしもそうとは言えず、システマチックな誤りを続けてしまう場合も多い。多くの景気予測が、事後的に見ると直近の動きの影響を過大に受けていることはよく知られている。

以上では、経済学が標準的に想定する３つの原理について説明するとともに、その現実性についても吟味をしてきた。環境とエネルギーの問題は、第３章「枯渇性資源と持続可能性」で議論するように、現在と将来の両方にまたがる問題が多いが、上記のように人々が計画を実行できるとは限らない。また、個人的に解決できない問題も多いが、集団的な意思決定を適切にできない可能性もある。さらに将来についての人々の予測が必ずしも合理的になされず、省エネルギーなどの対応が遅れることもある。

こうしたことは、現実はかなり複雑であり、伝統的な単純な原理では割り切れないことを示唆している。しかし、それでも、単純な原理から導かれることが議論の出発点として重要なことが多い。また、そうした理論と現実の観察との比較・分析を通じて、経済学は発展している。

本書では、経済学的なアプローチの本質を解説していくとともに、その限界についても触れる。それとともにどのような方向で、より現実的なアプローチへの努力が続けられているかを述べていくこととする。

3　環境とエネルギーの経済学では、何を問題にしているのか？

以上の議論を踏まえつつ、「環境とエネルギーの経済学」では以下のような問題を扱うとまとめることができよう。

①環境とエネルギーに関する行動を経済学的に説明する（事実解明的分析）。
②環境とエネルギーに関する望ましい状態や政策について経済学を使って提案する（規範的分析）。

この２つに加えて

③環境とエネルギーに関する制約の経済への影響を分析する。
④経済活動と、環境やエネルギーとの相互関係を分析する。
⑤環境の価値を経済的に評価する。

などが重要な項目となる。

▶江戸は環境先進都市だった

日本の環境問題は、奈良時代にまでさかのぼる。奈良の大仏に金箔を貼るために大量の水銀が使われ、これを加熱した際に大量の水銀が蒸気として空気中に拡散し、相当の健康被害をもたらし、これが長岡京への遷都の大きな要因になったとの説がある（ただし土壌に残る汚染の調査から、汚染はそれほどでもなかったとの説もある）。また、中国地方で発達した「たたら製鉄」は、日本刀に用いられるようなきわめて良質の鉄を生み出した一方で、森林伐採などの環境問題をもたらした。

このように環境問題の歴史は古いが、日本人は古くから環境との共生を意識していた。その背景としては、

①水田では同じ水を上流と下流で用いるので、水の管理が重要であったこと。
②降雨量が多く、放置すると森林が荒廃するので、人々が手を入れて里山を管理してきたこと。
③自然災害が多いこともあって、自然を信仰の対象としてきたこと。

などが考えられる。こうしたことは俳句の季語などに見られるような、独特の自然観を形成する要因にもなってきた。江戸末期に日本を訪れた外国人たちは日本人のことを「自然の美について敏感」であるとか「狂信的な自然崇拝者」であるとの評価を残しつつも、手入れのゆきとどいた日本の自然の美しさを口をそろえて賛美した。[2)]

江戸時代の江戸は当時の世界の大都市であったが、美しく清潔な田園都市で、環境問題はほとんどなかったと言われている。古着、和紙、排泄物などの各種資源のリサイクル・システムが整備され、傘や燭台などの様々な物品の修理ビジネスも普及していた。こうしてゴミの削減が図られたことから、環境への負荷は小さく、東京湾で獲れた魚は江戸前寿司に用いられていた。

2）　渡辺京二（1998）『逝きし世の面影』葦書房、第11章「風景とコスモス」を参照。

コラム 2 ▶原発事故と被害額

2011年3月11日の東北地方太平洋沖地震とそれに付随した大津波によって福島第一原子力発電所の3つの原子炉でメルトダウンが起き、原子炉建屋の破壊や大量の放射性物質の放出が起きた。また同年4月には放射能で汚染された水が海洋に放出された。国際評価尺度ではチェルノブイリ事故と並ぶレベル7と人類史上で最も深刻な事故となった。福島県では2016年7月時点で約8万9,000人が避難をしている。事態の進展によっては日本の国土の相当部分からの避難が必要になった可能性もあり、日本の歴史上最も大規模な環境汚染と言えよう。

政府は2011年末に事故の収束を宣言したが、その後も4号機の使用済み燃料プールが崩壊して大量の放射性物質が露出してしまう不安や、汚染水の貯蔵場所がなくなる不安、急ごしらえの貯蔵タンクから汚染水が漏出する不安、汚染された地下水が海に流出する不安などが残された。

すでに拡散した放射性物質から放射線が出ないようにする技術はなく、放射性物質を集めて、体積の小さな（濃度の高い）状態にして遮蔽された環境の中に閉じ込めることしかできない。

2012年には政府、国会、民間による事故報告書が相次いで出されたが、事故についてはなお未解明な点が残されている。

この原発事故による被害額の算定は容易ではない。その理由はいくつかある。まず第1に、原発事故の影響と震災の影響を分離することが困難であることがあげられる。通常の経済活動が行われている場合を**BAU（ビジネス・アズ・ユージュアル）**と呼ぶことがあり、何か（この場合には事故）が無かった場合のことを**ベースライン**と呼ぶが、本件の場合には、両者が異なる（ベースラインは、地震や津波の被害はあるが原発事故は無かった場合である。BAUはともに無かった場合である）。第2に、電力不足、野菜や海産物の汚染、避難関係の財政支出増、地価や株価の下落、避難による生業の休止、様々な不便（先祖代々の住み慣れた土地を離れる、墓参ができない、手塩にかけた家畜の世話ができなくなったなど）のうち、賠償の対象として算定されているものは一部に過ぎないことがあげられる。第3に、第9章「環境評価」で詳しく議論するように、被害がきわめて深刻な場合には金銭的評価が評価手法によって大きく異なることである。

復 習 問 題

①環境は、人々を取り巻く_______の性質や条件と定義することができる。これらが「われわれの働きかけによって動かせないもの」（_______的なもの）と考えられる場合もあるし、「われわれの働きかけによって動かしうるもの」（_______的なもの）と考えられる場合もある。

②エネルギーには様々な形態がある。物理的にはその総和は_______であるが、エネルギーの利用という観点からわれわれにとって重要なのは、_______やすさである。

③経済学には、_______アプローチと_______アプローチとがある。後者では_______判断の基準を示すことが必要である。

④経済学では、何らかの_______を想定して分析を進めるが、それには必ずしも_______的ではないものもある。

⑤双曲割引とは、人々が自分で立てた_______を実行できないことがある理由として考えられたものである。人々が_______を特に重視する傾向があるためではないか、との考え方に由来する言葉である。

⑥合理的期待形成とは、人々が将来の何かについて_______をする場合には、_______な誤りを繰り返すことはない、とする考え方である。しかし現実にはそうでない場合も多い。

第2章

外部性の経済学

「社会にとって望ましい」とはどういうことなのだろうか？ それは誰にとって望ましいのであろうか？

経済学の基本的な考え方の１つに、ある条件の下で市場メカニズム（人や企業が価格を手がかりに自由に経済活動を行うこと）は、望ましい状況をもたらすというものがある。どのような条件が満たされる時に、どのような意味で望ましい状況をもたらすのであろうか？　また、そうした条件が満たされないと、どのような問題が発生するのであろうか？

本章では、こうした基本的問題を考えてみよう。

キーワード

限界代替率　逓減　パレート改善　パレート最適
効率性と公平性　市場の失敗
外部性（外部経済と外部不経済）内部化
PPP（汚染者負担原則）公共財　非競合性　非排除性
コモンズ

1　効用関数と無差別曲線

まずミクロ経済学の基礎的概念をいくつか説明しよう。

（1）効用関数

効用関数とは、様々な選択肢（または状態）の望ましさを表したものである。選択肢ごとに値を与え、より望ましい選択肢により大きな値を与えるものである。前章で説明したように、通常は、個人にとって選択肢を望ましい順に並べることは問題なくできると想定されている。

（2）無差別曲線

無差別曲線とは、効用水準の等高線のようなものであって、同じ程度に望ましい選択肢に対応する点をつないで描かれた曲線である。等高線であるので、高さの違う線が何本も描かれることになる。具体例は図表2-1の2つの実線である。

この2つの実線は太郎にとっての無差別曲線である。太郎は、ミカンとリンゴという2つの財の組み合わせを選ぼうとしている。ミカンの数が同じならば、リンゴの数が多いほうが効用は高い。その逆も同じである。したがって2つの財のある組み合わせを基準に考え、そこからリンゴの数が1つ増えたとすると、ミカンの数がいくらか減ったところで効用水準はもとと同じになるかを考える。ミカンが何個減って効用水準がちょうど同じになるかを限界代替率と呼ぶ。

こうしたことから、図表2-1のように、横軸にリンゴの個数を、縦軸にミカンの個数を取って、効用水準が同じである点を結んでいくと右下がりの無差別曲線が描ける。この曲線が直線なのか、原点に対して凸なのか、凹なのかについては、一般論としては決まらない。リンゴもミカンも特に嫌いでない人の無差別曲線は、図表2-1の実線のように原点に関して凸の形をしているであろう。なぜなら、バランスがどちらかに偏ってくると、少なくなったほうの希少

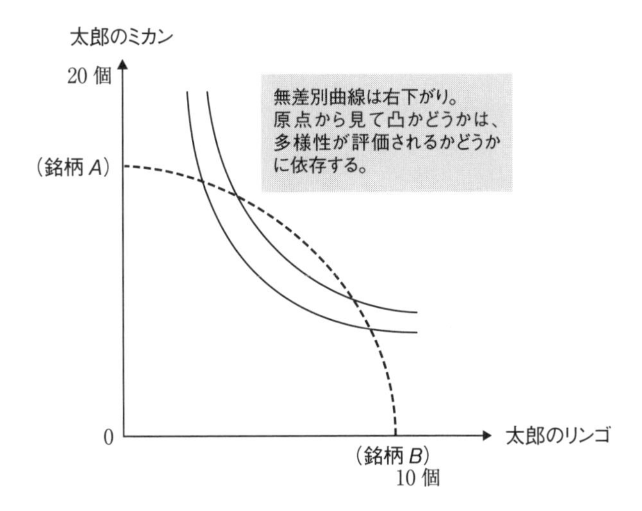

図表 2-1　無差別曲線

性をより意識するようになるからである。こうした場合を、**限界代替率**の**逓減**（次第に減っていくこと）と呼ぶ。

ただし、そうではない場合もありうる。例えば、タバコは多くの人が、特定の銘柄を購入している。様々な銘柄のタバコを少しずつ喫煙することに意味を見出す人の無差別曲線は原点から見て凸となるが、特定の銘柄に決めている人の無差別曲線は、図表 2-1 の点線のように原点から見て凹になる。簡単に言えば、多様性が評価される場合には原点から見て凸の形をしている。

太郎の無差別曲線を説明したついでに、太郎の購入行動についても説明しておこう。仮にミカンが 1 個100円、リンゴが 1 個200円で売られていたとしよう。太郎が1,400円を持っていてこれでミカンとリンゴの組み合わせを購入するとすれば、どのような組み合わせを選ぶであろうか？

まずこのお金をすべてミカンの購入に充てた場合には図表 2-2 の A 点が選択されることになる。逆にすべてをリンゴの購入に充てた場合には B 点が選択されることになる。そしてこの 2 点を結ぶ直線状の点が1,400円で購入可能な両財の量の組み合わせである（個数は整数でなければならないとか、多く買うと割引がありうるといった議論はここでは無視をする）。この直線は予算制約線と呼ばれる。この予算制約線の上で、太郎は効用を最大化する点を選ぶこ

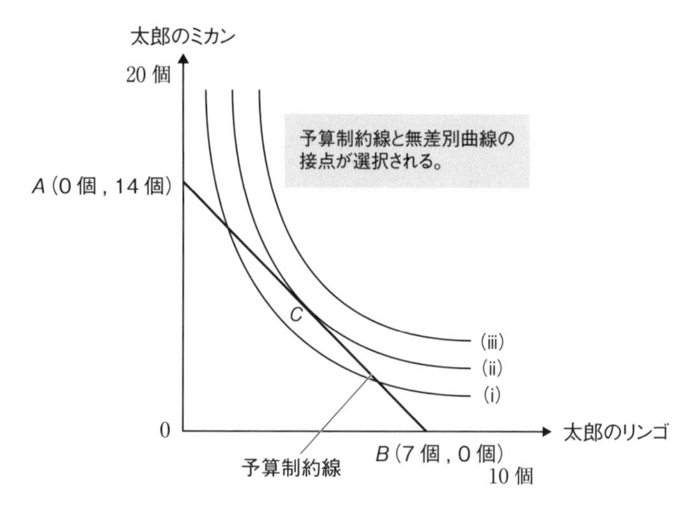

図表 2-2　無差別曲線と予算制約線

とになるが、それはどこであろうか？　図表2-2には3本の無差別曲線が描かれているが、太郎の効用は（i）よりも（ii）が高く、（ii）よりも（iii）が高い。この3つの線が地図上の等高線だと考えて、*B*点から*A*点に向かって歩き出し、標高が最大になる点を求める問題と同じである。答えは、図表2-2の*C*点、すなわち、無差別曲線と予算制約線の接点である。ただし、これは無差別曲線が原点から見て凸の場合であり、凹の場合には、*A*点または*B*点、が選ばれることになる（端点解）。以下では特に断らない場合は、限界代替率は逓減しており、無差別曲線は原点から見て凸であると仮定する。

2　社会（グループ）にとっての望ましさとは何か？

ここまでは、太郎個人の場合について考えてきたが、個人の集まりである社会またはグループを考えてみよう。まず、重要な概念を説明しよう。

（1）パレート改善とパレート最適

パレート改善とは、他の誰の効用も悪化させることなく、誰かの効用を改善することである。パレートという言葉は19世紀から20世紀にかけて活躍したイタリアの学者の名前である。パレート改善の発想はいわゆるウィン・ウィンと同じである。これが望まいということについては反対する人はいないであろう。

次に**パレート最適**とは、パレート改善の余地のない状況のことである。逆に言えば、「誰かの効用を改善しようとすると、他の誰かの効用を悪化させざるをえない状況」、あるいはウィン・ウィンの変化が望めない状況である。このような状況から誰かの効用を悪化させてまで何かをすべきかどうかは、価値判断の絡む問題である。

ここで大切なことは、パレート最適な状態は、一般的には複数ある、ということである。例えば、太郎と次郎の兄弟が１万円を２人で分ける時には（１万円、０円）、(8,000円、2,000円）のどちらの分け方もパレート最適である。そのように考えると、パレート最適という概念はあまり役に立たないのではないかと思われるかもしれないが、そうではない。２人で２つの財を配分する場合を考えてみよう。

リンゴが10個、ミカンが20個あって、これを太郎と次郎の２人で配分することを考えよう。仮にまず２人が平等に、リンゴを５個ずつ、ミカンを10個ずつに分けたとしよう。この状態からのパレート改善はありうるであろうか？「ありうる」というのが正解である。なぜなら、２人の好みには違いがありうるからである。仮に次郎がリンゴ好きで太郎がミカン好きであれば、次郎は自分のミカンと太郎のリンゴを交換したいと思うであろうし、その交換は太郎にとっても歓迎すべきことであろう。したがって、パレート最適でない配分とパレート最適な配分とがあることになる。ではどのような場合がパレート最適な配分なのであろうか？

これを説明するためには無差別曲線を使うのが便利である。図表2-3と図表2-4はそれぞれ太郎と次郎の無差別曲線を描いたものである。両者が違う形に描かれている。先ほどと同じ予算制約線をあてはめれば、次郎は太郎に比べて

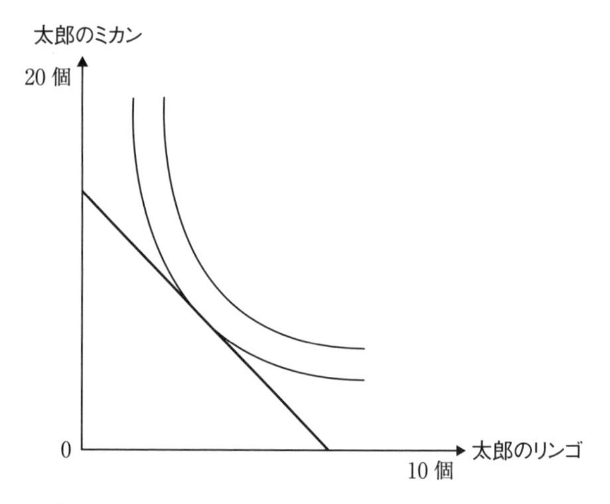

図表 2-3　太郎の選好

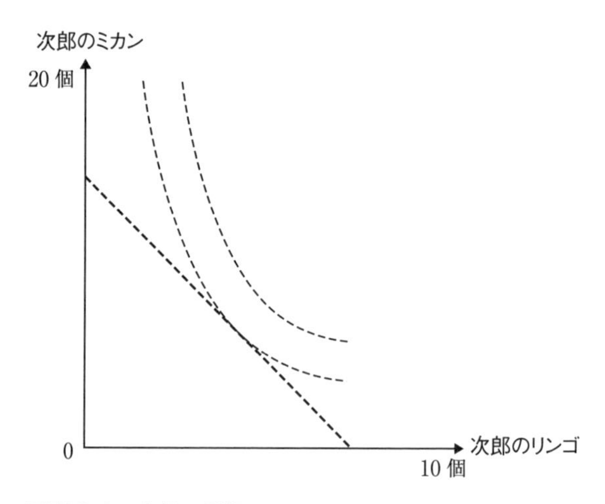

図表 2-4　次郎の選好

より多くのリンゴとより少ないミカンを選んでいることがわかる。すなわち次郎はリンゴ好きなのである。

ここで、図表 2-4 を180度回転させたものが図表 2-5 である。なぜそのような回転をするかは、決まった数のリンゴとミカンを２人に配分するので、リン

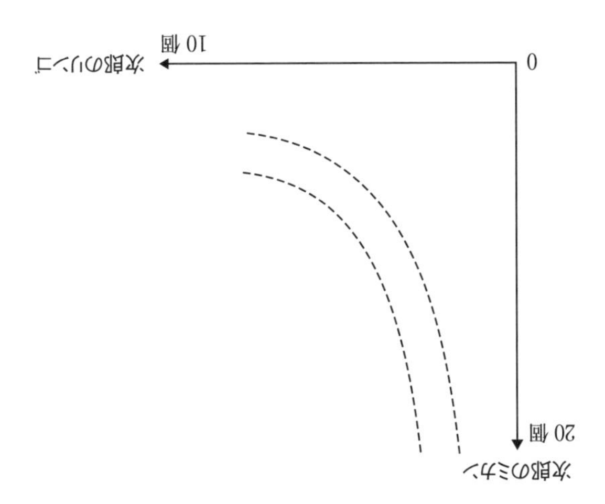

図表 2-5　180度回転した次郎の選好

ゴとミカンのそれぞれについて 2 人の配分の和が一定になるように図を描きたいからである。そして、そうなるように図表 2-5 を図表 2-3 と組み合わせたものが図表 2-6 である。

図表 2-6 で A 点や B 点は、太郎と次郎の 2 人の無差別曲線の接点である。B 点は A 点に比べて太郎に有利に次郎に不利になっているが、どちらの点もパレート最適である。A 点よりも太郎の効用を増やそうとすると右上方向に動くことになるが、そうすると次郎の効用は下がってしまう。ところが、例えば C 点はパレート最適ではない。A 点と B 点の中間方向に C 点から動くと太郎の効用も次郎の効用も高くなるからである。このように考えると、以下の 3 点を導くことができる。

①2 人の無差別曲線の接点がパレート最適である。
②そのような点は複数ある。
③それ以外の点からはパレート改善が可能である。

図表 2-6 のような図をエッジワースの箱、そしてパレート最適である A 点や B 点などの点を結んでできる曲線は契約曲線と呼ばれることがある。この

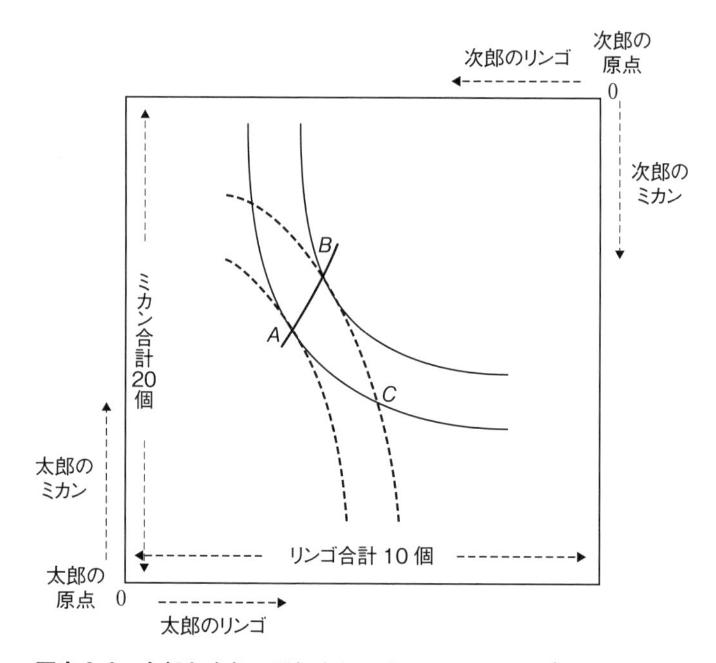

図表 2-6　太郎と次郎の選好を組み合わせる：エッジワースの箱

曲線は、通常は左下から右上に向かう。すなわち、太郎の効用水準を上げていく場合には、太郎へのリンゴの配分もミカンの配分も増えることになる。しかし第5章「政策手段と部分均衡分析」では、そうでない場合もあることを説明する。

このエッジワースの箱の中のすべての点が、配分の仕方を表しているが、この中からどの点を選択すべきであろうか？　答えはパレート最適である契約曲線上の点から選ぶべきである、ということである。その曲線の中からどの点を選択すべきかについては一概に言えない。そのためには、公平性の基準が必要になるからである。

経済学では、効率性と公平性という2つの概念を以下のように厳密に区別している。まず、**効率性**では、パレート最適が達成されているかどうかを問題にする。これが達成されていなければ、パレート改善の余地があることになる。しかし、一般にパレート改善の方法も複数ありうることに注意が必要である。

例えば図表2-6の C 点から見れば、A 点と B 点を結んだ契約曲線上のすべての点に向かう動きはパレート改善である。そこで、**公平性**では、複数のパレート最適の中で、どれを選択すべきかを問題にする。この議論をするためには何らかの評価基準が必要になる。

このように説明してくると、読者の中には、「公共事業 A よりも公共事業 B を行うべきか」とか「ある道路を作るべきか、それとも自然環境を保全すべきか」といったように人々の利害が錯綜する問題については効率性の観点だけでは答えが出せないのではないかと疑問に感じる人もいるであろう。この点については、第5章で解説することにする。

3　序数的効用と基数的効用

さて、効用とは望ましさを順序づけしたものであるが、順序だけを議論しておけば十分かどうかについては様々な議論が行われてきた。ここでは、2つの概念を紹介しよう。まず、序数的効用とは、順序だけを問題にすることであり、成績で言えば、クラスや学年での順位だけを問題にする場合に相当する。一方、基数的効用とは、差の大きさも問題にすることであり、成績で言えば点数も問題にする場合に相当する。経済学者の間で様々な議論を経て落ち着いたところは、以下のようなものである。

①異なる個人の効用を比較することはできないし意味がない。
②効用関数は様々な状態を望ましさの順で順序づけることと同じである。
③基数的効用を考えなくても、序数的効用だけで経済学を組み立てることができる。

基数的効用を認め、効用の個人間比較に踏みこめば、複数のパレート最適の中でどれが望ましいかについてを議論する手がかりができることになる。例えばあるリゾート開発を実施した場合に環境悪化の被害をこうむる A さんの効用の低下の程度は、その開発で利益を得る B さんの効用の増加に比べて小さいとか、多くのお客の効用がある程度増加するので、その総和は A さんの効用低下よりも重要である、などといった議論に途を開くからである。しかしこれは、公平性の問題にいわば裏口から入ろうとすることである。

一方、こうした議論に踏みこまないのであれば、望ましさの強度まで考える必要はない。そして上記③の背景には、序数的効用だけで、かなりのことが導けるという期待があった。しかし、現実には、公平性の問題に立ち入ることを避けたままでは、導ける結論は限定的になる。この問題に興味のある読者は、「おわりに」の「(1) 価値判断基準の導入」を参照されたい。

なお、序数的効用だけで経済学を組み立てることができるという命題には、例外が1つあると考えられている。それは不確実性を対象とする場合である。この点については、第4章「不確実性と情報の経済学」で詳しく説明する。

4 市場メカニズムとパレート最適性に関する直観的説明

次に経済学の重要な基本命題を紹介しよう。それは「市場メカニズムはある条件の下でパレート最適をもたらす」というものである。ここで「市場メカニズム」とは、自由な価格競争とほぼ同義である。売り手が競争相手も意識しながら自由に価格を設定し、買い手が品質や価格などを勘案しつつ自由に購入する世界である。

この命題の厳密な証明は本書の範囲を超えるが、直観的な説明をすることはできる。それには様々な状況の下での限界代替率という概念を理解することが必要である。

(1) 限界代替率

限界とは、「わずかに変わった場合の」という意味である。ある人のある財の消費量がわずかに変わった場合などである。ただし、この後の説明では、

「わずかに」と同じ意味で１単位という言葉を用いる。単位が十分に小さく設定されていると考えればよく、後で価格の話と結びつける時に、単位を設定しておくと便利だからである。一方、代替とは「その代わり、埋め合わせ」を意味する言葉である。両方を組み合わせると「１単位の X を減らすことは、○○の観点からは何単位の Y の変化に相当するか？」ということである。「減らす」の代わりに「増やす」としてもよい。厳密に言えば、減らす場合と増やす場合では効果が異なったものになる可能性はあるが、微小な変化を問題にしているので、その可能性は無視する。

○○のところには、以下の各文の下線部のような様々な言葉が入る。

①個人の消費における選択（例えば、X：リンゴ、Y：ミカン）に関する限界代替率では、X の消費量が１単位減少した場合に効用水準を同じに保つという観点からは何単位の Y（による埋め合わせ）が必要かということである。この観点に関しては本章第１節ですでに説明した。

②どちらを生産すべきかの選択（例えば、X：自動車、Y：パソコン）では、X の生産を１台減らすと、その分の材料（素材や電子部品など）を使って何ができるかという観点からは Y は何台作れるか、ということである。

③どれだけ投入すべきかの選択（例えば、X：穀物、Y：畜産物）では、Y を生産するために必要である X の投入を１単位減らすと、生産技術の観点から見て、Y の生産は何単位減るか、ということである。

さて、自由な価格競争の下では、こうした限界代替率は価格比と一致する。というのはもし価格比と限界代替率が一致していなければ、①の個人であれば、消費の比率を割安なものの消費を増やす方向に変えることで効用水準を上げることができるし、②の生産者の場合であれば、生産比率を割安なものの生産を減らす方向に変えることで利益を増やすことができる。③の生産者の場合は、１単位の材料代（えさ代）と、それを節約することで減る畜産物の生産額との大小が問題となり、前者が大きければ生産は削減されるべきであり、後者が大きければ生産は増加させるべきということになる。このような調整が行わ

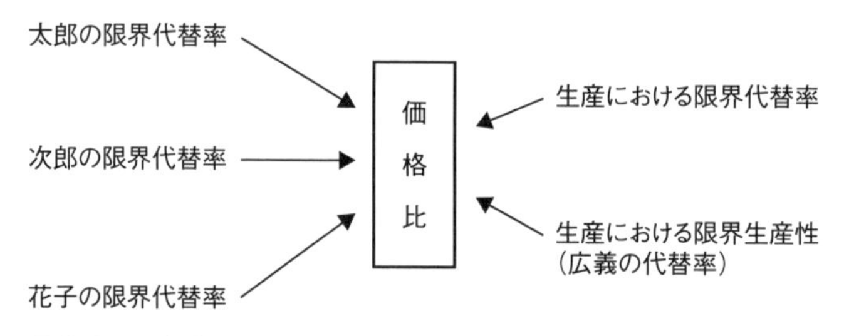

図表 2-7　価格を通して限界代替率は一致する

れた後には、価格比と限界代替率が一致しているはずである（ただし、それぞれの限界代替率が逓減するとの前提がある)。

(2) パレート最適の達成

前述の太郎と次郎の例で、契約曲線以外の点からのパレート改善が可能であったのは、無差別曲線の傾きが太郎と次郎で異なるために、限界代替率に差があったので、双方にとってメリットがあるような交換が存在したからであった。そして交換を行うことによって２財の配分が変わり、それを通じて限界代替率が２人の間で一致することになるのである。ところが、図表2-7のようにすべての限界代替率が価格比を通じてすでに一致している場合には、パレート改善をもたらすような交換の余地はなくなる。別の言い方をすれば、すべての関係者が、効用や利潤を大きくすることを目的にして、価格比と限界代替率を比較して、交換や増産が有利なうちはそうしていくので、結局は価格比と限界代替率は一致するのである。このようにして、パレート最適が達成されるのである。

5　市場の失敗

では、どのような場合には、市場メカニズムがパレート最適を実現できないのかを見てみよう。

(1) 寡占と独占

独占は当該市場に1つの供給者しかいない状況を指し、寡占は少数の供給者しかいない状況である。地域独占は特定の地域に1つの供給者しかいない状況である。

何らかの理由で他の企業が参入してこないことがわかっている場合には、供給量を抑制し、価格を高めに維持するほうが、企業にとっては利益が大きくなることがある。価格を高くすれば需要も減るが、需要の減り方が比較的少ない場合には、こうしたことが起こりやすい。

電力やガスなどの産業においては、大規模な設備やネットワークが必要になるので、有力な競争相手が育ちにくいことが多い。また必需的なサービスであり、価格を高めに設定してもある程度の需要はついてくる。こうしたことから、放置すると価格の設定が高めになる可能性があるので、各国では料金設定を認可制にするなどの規制をしている。

日本でも規制が行われてはいるが、そのやり方が適切であったかどうかについては疑問がある。電力料金に関しては、コストと事業報酬を賄う水準に定める方式（総括原価方式）が取られてきたので、コスト削減のインセンティブ（誘因）が働きにくかった。また事業報酬は資産に一定率を乗じて算定されたので、電力会社は過大な設備を持つことへの躊躇が少なかった。さらに核燃料サイクルを目指してきた中で使用済み核燃料も資産という扱いにされたために、原子力発電へのインセンティブはいっそう大きなものになった。一方で、発電と送電を分離する発送電分離は、電力事業者間の競争を促す効果があるが、最近まで導入されていなかった。

独占や寡占は、生産における限界代替率より高い水準に価格が設定されることを通じてパレート最適からの乖離をもたらすという意味で効率性の観点から問題がある。同時に不当な利得をもたらすという意味で公平性の観点からも問題にされることが多い。

(2) 情報の非対称性

商品やサービスの質（耐久性、リスク、時間、効果などを含む）などに関する情報が消費者などの買い手に正確に認識されていなければ正しい選択はできず、パレート最適も実現できない。欠陥商品が典型的な例であるが、例えば初めて入ろうとするレストランの味やサービスの判断を事前に行うことは困難である。医者の技量も素人が判断するのは困難なことが多い。この点については第4章で詳しく議論する。

（3）外部性

環境に関しては**外部性**は特に重要である。外部性はプラスの場合とマイナスの場合があり、前者が**外部経済**、後者が**外部不経済**と呼ばれる。外部という言葉の意味は、市場の外部、すなわちお金のやり取りで解決されていないという意味である。自動車が出す排出ガスは周囲の環境を汚染するが、その迷惑料を負担していなければ外部不経済になる。一方で、商店街が近代化して、周囲の住宅地の地価が上がった場合には、商店街は外部経済を及ぼしたことになる。また、教育は本人のためにもなるが、社会のためにもなる。持家居住者は貸家居住者に比べて地域社会をより大切にする傾向がある。このような場合には社会全体にとってのコストや便益は、当事者（上記の例では自動車の保有者や商店街）にとってのコストや便益とは異なったものになる。第5章で見るように、このような場合にはパレート最適は達成されていない。

ではどうしたらよいのであろうか？　パレート最適を達成する（しかし、上記の状態からのパレート改善になるとは限らない）ための答えは比較的簡単であり、外部性を**内部化**すればよい、ということである。すなわち、社会にとってのコスト（便益）を汚染者に負担させる（事業者に還元する）ことである。**PPP**（**汚染者負担原則**）はその1つの方式であり、公平性の観点から議論されることが多いが、効率性の観点からも評価できるものである。

（4）公共財

公共財は、広義の外部性と位置づけられる場合もある。純粋な公共財は以下の2つの条件を満たす。第1は消費の**非競合性**であり、混雑現象が起こらず、使い減りしないことである。このために、各人がいくら負担すべきかが決められない。第2は消費の**非排除性**であり、特定の人以外の利用を禁じる方法がないことである。排除されないのならば、便益に見合った金銭的負担をするインセンティブ（誘因）はなくなる。こうしたことから公共財の供給は過少になることが知られている。

純粋公共財の典型的な例は、国防サービス、清浄な大気、**コモンズ**（出入り自由な入会地）などである。コモンズの悲劇とは、誰もが自由に使える共有地は荒廃してしまうということであるが、日本の里山などでは悲劇は発生しなかったとの指摘もある。これは経済以外の規律（例えば、詳細な利用規定や相互監視など）が効いていたためであると考えられる。

ところで、上記の２条件の片方だけが満たされる財やサービスもある。まず、非競合的であるが排除可能なサービスとしては、有料放送などがある。その逆に競合的であるが排除不可能なサービスとしては、地域の一般道路などがあげられる。こうしたものに関しても、市場メカニズムのままではパレート最適は実現されない。

（5）動学――異時点間の資源配分

原油価格が乱高下してきたことにも見られるように、市場メカニズムでは、異時点間の資源配分（通時的な資源配分と言ったり、動学的な資源配分と言う場合もある）をうまく行えないことが多い。その背景には、以下のような理由がある。

①先物市場（将来に引き渡される財を取引する市場）が実際には存在しにくいこと

②将来世代の利害が反映されにくいこと

③研究開発の効果や習熟の効果（経験を積むことによる生産性の向上）などが見通しにくいこと

④保存の効く財に関しては投機的な行動を招きやすいこと

などである。

（6）市場の失敗への対策

以上に見てきたような、市場メカニズムがパレート最適を実現できない問題は「**市場の失敗**」と呼ばれる。これが生じている時には、どうしたらよいのであろうか？　1つの方法は公的な介入を行うことであるが、その主体である政府が失敗することもある。適切な政策が実施されるためには、いくつかの関門がある。

まず第1に、何が望ましい状態であるのかを政府がどう調べて決めるのか、という関門がある。汚染などには地域的な濃淡があったり、敏感な人と鈍感な人の差もあったりする。環境基準の設定に必要な知見が十分ではない分野も多い。

第2に、政策効果が正しく分析・予測できるかどうか、という関門がある。現実は複雑であるが、行政職員の専門知識は限られている。判断の材料となる情報は民間企業が持っていることが多いが、それを政府が正しく把握できるとは限らない。

第3に、政策が行政の縦割り体質や先送り傾向、さらには利害関係で歪むことがないのか、という関門がある。事実、こうした関門をクリアすることができず「政府の失敗」と考えられる事例も多い。

そこで、市場も政府も失敗する場合を考えておく必要がある。この点については第8章「社会的意思決定」で触れるが、様々な模索が内外で続けられている。有力な解決策に関する定説があるとは言い難いが、共通のキーワードは「社会」ではないかと思われる。具体的には、地域、市民、社会の絆、自治、ソーシャル・キャピタル（第8章「社会的意思決定」を参照）などをいかに活用して、ガバナンスを改善していけるのかに関して、様々な試行錯誤が行われている。

コラム1 ▶家電リサイクル法

家電製品の廃棄に関して導入されたのが2001年の家電リサイクル法（正式名称：特定家庭用機器再商品化法）である。これは、テレビ、冷蔵庫・冷凍庫、エアコン、洗濯機・衣類乾燥機の4品目を廃棄しようとする消費者に金銭的負担を求めるものであるが、たんに廃棄費用を内部化するだけでなく、資源の再利用を促進することも狙いとしている。小売店は自分が売った商品を引き取ったり、買い替えの際に引き取りを求められた場合にはそれに応じたりするが、その際に家電リサイクル票と呼ばれる書類を発行し、それを消費者と家電メーカーに渡す。家電メーカーでは引き取った商品を活用してリサイクルを行う。2013年度には廃家電４品目は合計で1,273万台（国民10人に１台）が回収され、84％（重量ベース）が再商品化されたほか、冷媒フロンの回収などが行われている。消費者はインターネットを用いて、自分が出した廃家電が指定引き取り場所に引き取られたことを確認することができる。

コラム２ ▶外部不経済を内部化する損害賠償

損害賠償は、外部不経済の内部化の方法として昔からある方法であり、昭和の４大公害病（水俣病、新潟水俣病、四日市ぜん息、イタイイタイ病）でも損害賠償裁判が起こされた。この方法は、相当程度の被害があり、加害者と被害者の対応関係が強い場合には有効であるが、自動車の排出ガスのような集団的な汚染の場合には、特定の企業や人を相手に損害賠償を求めることは困難である。かなりの訴訟費用をかけても、得られる賠償額は少ないかもしれない。また、被害の予防を損害賠償制度自体で行うこともできない。しかし、損害賠償のルールをあらかじめ決めておくことにより、外部不経済の内部化を図ることは可能であろう。

第13章「地球温暖化問題と日本の選択」に見るように、地球温暖化問題に対する国際社会の取り組みは遅れている。それほど遠くない将来に、熱帯の開発途上国から大規模洪水などの形でその激烈な悪影響が出てくる可能性が懸念されている。こうした場合には、温室効果ガスの排出を行ってきた先進国が、その排出量に応じて損害賠償を行うというルールをあらかじめ制定しておくことが有効かもしれない。

①経済学で無差別曲線を議論する場合に、無差別の意味するところは、（取引相手によって価格・品質・数量を差別しないこと、同じくらい望ましいこと、複数の物やサービスの区別がつかないこと）である。

②パレート最適の定義として正しいものは、(関係者の効用の和が最大になる状態、他の誰かの効用を減らさないかぎり誰の効用も増加させられない状態、関係者のすべてが納得する状態）である。

③パレート最適とは、パレート改善（が必要であるような、の余地がない）状況である。

④パレート最適とは、(効率性を評価する基準である、公平性を評価する基準である、公平性とも効率性とも関係がない)。

⑤２人で２財を配分する場合を考えると、パレート最適を満たすのは、(すべての配分方法である、契約曲線上の点である、２財を半分ずつ分ける方法である)。

⑥経済学の基本命題の１つは、市場メカニズム（自由な競争）はある条件の下で________をもたらすということであるが、それは様々な________が価格（比）を通じて一致するからである。

⑦市場の________が起きて________最適が実現されない理由には様々なものがある。環境問題との関係で重要なのは、第三者に迷惑または便益が及ぶという________性の存在、入会地や公園などの________財の過小供給、将来世代が不在の下での、________的資源配分をめぐる非効率性などである。こうした場合、政府が介入することが多いが、政府の________にも注意が必要である。

第3章

枯渇性資源と持続可能性

われわれ人類は、石油、石炭、レア・メタルなどの有限の資源を消費している。本来であれば、将来の必要性と現在の必要性のバランスに配慮しつつ最適な消費ペースを考えるべきであるのだが、現状ではそうなっているとは言い難い。

最適な消費ペースに影響を与える要因には、どのようなものがあるのだろうか？　ある理想的な状態の下では、資源の価格はどのように推移していくのであろうか？　それはなぜ実現していないのであろうか？　本章では、それらについて考えてみよう。

キーワード

枯渇性資源　可採年数　化石燃料　高速増殖炉
核燃料サイクル　最終処分場　レア・メタル　レア・アース
代替材料　都市鉱山　3R　ホテリング・ルール
持続的な成長　閾値　非可逆性　予防原則

1 枯渇性資源と環境

枯渇性資源とは、存在量が限られていて、利用されることによって存在量が減少していく天然資源であり、非再生資源とも言う。具体例としては、化石燃料（石油、石炭、天然ガス）、鉱物資源（鉄、銅、アルミ、……、レア・メタル、硫黄）などがある。実際には、**可採年数**（＝確認埋蔵量／年間生産量）が比較的短いものを指して言うことが多い。

枯渇性資源の採掘・利用は環境に大きな影響を及ぼす。また、枯渇性資源をどのように使っていくべきかという問題は、われわれの経済社会の持続可能性と密接に絡んだ問題である。

2 主要資源の枯渇状況

まず、主要な枯渇性資源の可採年数について見てみよう。

（1）化石燃料

2013年時点での**化石燃料**の可採年数は　原油、天然ガスはともに50年強であり、石炭については113年となっている。この数字の推移を見ると、図表3-1に示されるように昔と比べてあまり変わっておらず、原油に関しては緩やかながら上昇が見られた時期もあった。生産量が増えているにもかかわらず、こうした状況になっているのは、確認埋蔵量が増加しているからである。確認埋蔵量について2015年を2000年と比較すると、原油については30%、天然ガスについては34%増加している。これには２つの理由がある。第１は、探鉱の成果であり、新しい油田などが発見されたことである。第２は、技術の進歩によって、回収率や経済性が向上し、確認埋蔵量としてカウントされるものが増えてきたことである。

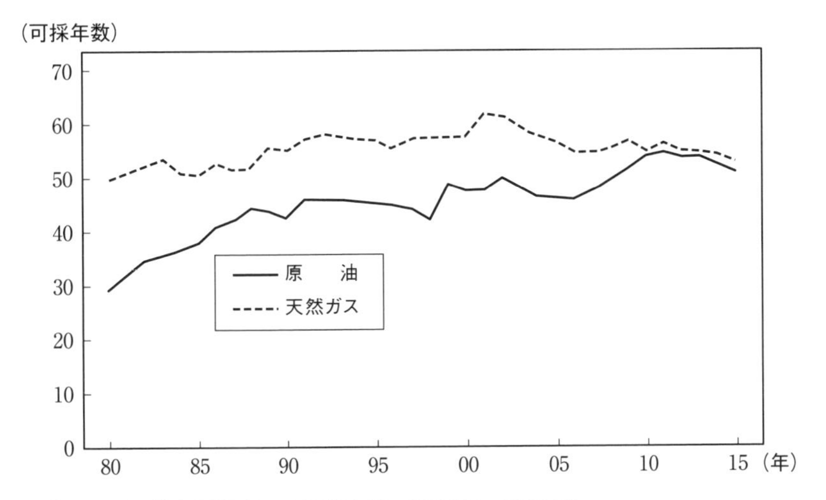

図表 3-1　原油と天然ガスの可採年数（1980年～2015年）
（出所） BP, *Statistical Review of World Energy 2016*、より作成。

(2) ウラン燃料

原子力発電の燃料となるウランの資源量はそれほど多くはなく、可採年数は100年程度と言われてきた。しかし原子力発電の使用済み核燃料を再処理して、プルトニウムや燃え残ったウランを取り出して**高速増殖炉**で燃やせば、消費した以上の燃料を作り出すことができる。この方式（**核燃料サイクル**）が、エネルギーに関する持続可能性の問題の解決に大きく寄与すると期待されていた時期もあった。

日本でも高速増殖炉の実現に向けて原型炉（商用炉より２つ手前、実証炉より１つ手前の段階。商用炉→実証炉→原型炉）の「もんじゅ」が作られ、膨大な研究費が投入されてきた。しかし、水と激しく反応する金属ナトリウムを液体にして冷却材として用いることもあってトラブルが続き、ほとんど動いていない。海外を見ても多くの国が高速増殖炉の研究からは撤退した。こうしたことから、高速増殖炉が人類のエネルギー資源の枯渇リスクを乗り越える切り札であるという見方はかつてに比べて大きく後退しており、政府も2016年9月にもんじゅの廃炉を含む抜本的な見直しを行うとした。その一方で再生可能エネ

コラム①　▶核燃料サイクルに関する日本のジレンマ

2016年9月に政府は「もんじゅ」の廃炉の方向を打ち出したにもかかわらず、核燃料サイクルは維持するとした。

その理由は3つある。第1は、核燃料サイクル構想が原子力関係者の夢と意地のかかったものであることである。ウランを1回燃焼させるだけであれば、その資源量が限られ、廃棄物の問題も大きい原子力発電のメリットは小さい。高速増殖炉は無理でもフランスなどと連携して高速炉（燃料は増殖しないが、使用済み核燃料の再利用になり、高レベル廃棄物の量も減らせる）の実用化を目指していくことで、「原子力関係者の夢と意地」をある程度保てる可能性がある。第2は、使用済み核燃料の**最終処分場**の目途がついていないことである。これまでは全量再処理するという建前の下で、使用済み核燃料の「中間貯蔵」施設の立地を認めてきた自治体は、それがなし崩し的に最終処分施設となることに強く反対している。また、各地の原子力発電所内の貯蔵プールに保管されている使用済み核燃料の最終処分場も探さなくてはならない。これまでは資産として計上されてきた使用済み核燃料であるが、その扱いを変える必要も出てくる。第3は、プルトニウムの処理に困ることである。プルトニウムは原子爆弾の材料になるものであり、その保有は国際的に厳しく制約されているが、日本では高速増殖炉の開発を目指していることを理由に、その大量保有が例外的に認められていた。

ルギーに対する期待が高まっている。

（3）レア・メタルとレア・アース

金属の分類としては、大量に利用されているベース・メタル（銅、アルミ、亜鉛など）や貴金属（金、銀、プラチナなど）があるが、**レア・メタル**とは貴金属以外で、利用価値が高く、賦存量が比較的限定的なものを指す。日本はリサイクル分を除いて全量を輸入に依存しているが、ニッケル、クロム、コバルト、タングステン、バナジウム、マンガン、モリブデンの7つのレア・メタル

コラム②　▶レア・アース価格の急騰と急落

中国は、2010年に環境への配慮が必要であるとして、レア・アースの輸出枠を大幅に削減し、その価格が急騰した。例えばジスプロシウムの価格は2011年夏にはキロ当たり約5,000ドルと、年初の5倍になった。尖閣諸島の問題が発生していたこともあり、中国のこうした措置は、環境への配慮というよりは、外交上のカードとして使ったものではないかとの観測も生まれた。

ハイテク機器の材料としてレア・アースを利用していた先進諸国は、WTO（世界貿易機関）に中国の輸出規制は自由貿易原則に反するものであると提訴した。WTOではパネルが設置され、第1審では、中国が違反していると認定されたが、中国はこれを不服として（紛争処理上級委員会に）上訴した。その結果、2014年8月に中国の輸出規制は不当だとの判断が確定した。

価格が急騰する中で、**代替材料**の開発も積極的に進められた。また、日本の最東端の南鳥島近海の海底にレア・アースを高濃度で含む海底鉱床が大量にあることもわかった。こうしたことからレア・アースの価格は下落に転じ、中国が輸出税を撤廃したこともあって2015年には5年ぶりの安値水準にまで下落した。

は国家備蓄がされている。

レア・アースはレア・メタルの一種で希土類に属するものであり、スカンジウム、イットリウムとランタノイド15元素などを指す。近年はハイテク機器の材料として注目されている。埋蔵は世界各地にあるが、生産・採掘の過程で放射性物質が出ることもあって、人件費が安く放射性物質の処理の規制も緩い中国に生産が集中してきた。一方需要面では、日本が世界需要の約半分を占め、強力磁石、液晶、排出ガス浄化などの用途に用いられている。

（4）都市鉱山とイー・ウエイスト

使用済みの携帯電話などの、ハイテク製品の廃棄物には金などの貴金属やレア・メタルなどの様々な希少資源が含まれており、これらを回収すれば再利用できる。こうした可能性を指して**都市鉱山**という言葉が用いられることがある。しかし、こうしたリサイクルの活動自体が深刻な環境問題を伴っている場合がある。先進国で不要となったパソコンなどがE-waste（イー・ウエイスト）としてアフリカなどの開発途上国に運ばれ、子供も含めた貧しい人々が、焼却などの原始的な方法によって有毒ガスを発生させながら、希少資源の回収を行って、生活の糧としている、という現実もある。

3　枯渇性資源をどのように使っていくべきか？

このような枯渇性資源を、われわれはどのようなペースで消費していくべきであろうか？

（1）望ましい消費ペースに影響を与える諸要因

資源の供給に関する要因としては第1に、確認埋蔵量の見通しの問題がある。将来、新鉱脈が発見される可能性はどの程度あるのか、掘削技術は進歩するのかといった問題である。第2に、掘削費用の性質も重要な問題である。掘削費用は生産量に比例して増えるのか（単位掘削量当たり一定）、あるいは比例的以上に増えるのか（逓増）、あるいは比例的ほどは増えないのか（逓減）、といった問題である。掘削が環境負荷を伴うような場合には、この点も含めて考える必要がある。また、一度掘削を止めると再び機械を立ち上げるのに費用が嵩むのかどうか、といった問題もある。第3に、保管費用が比例的か逓増的かあるいは逓減的か、といった問題がある。また保管に外部不経済があるか、といったことも吟味する必要がある。

一方、枯渇性資源の需要に関する要因としては、まず代替の問題がある。他の資源で代用できない用途は何なのかとか、代替素材や代替技術が開発される可能性がどの程度あるのか、といった問題である。そうしたことを踏まえて、最低限どの程度その資源が必要であるのかについて検討する必要がある。ただし、代替は必ずしもゼロか1かという問題ではなく、その程度や事前代替と事後代替の区別など（第11章「環境とエネルギーの技術」のパテ・クレイの議論を参照）が重要である。需要面の要因としては、当該資源に対する需要が将来どの程度伸びていきそうかということも考える必要がある。前述のレア・アースに対する需要が大きく伸びたのは比較的最近のことである。需要が大きく伸びて資源の不足感が強まると、代替品開発や資源探索への動機が強まるというのが一般的な傾向である。供給面と需要面の両方に関する問題としては、いわゆる**3R**（Reduce：廃棄物の発生抑制、Reuse：再使用、Recycle：再資源化）がどの程度可能であるのか、が重要である。この3Rは廃棄物に関して提唱されることが多いが、希少資源の有効利用という側面からも重要である。

(2) 価格メカニズムにより、望ましい状況は達成されるのか？

自由な市場の価格メカニズムは、こうした様々な要因を適切に反映して、枯

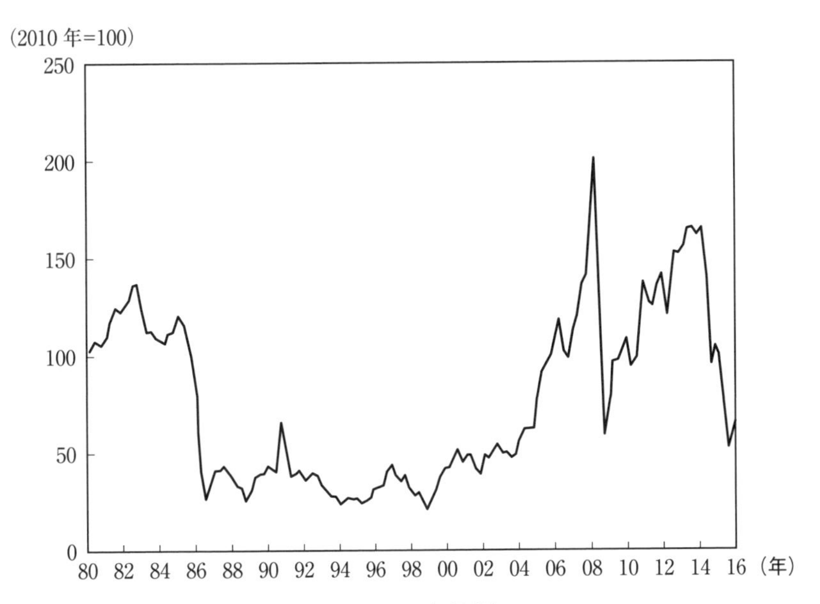

図表 3-2　原油価格の推移（1980年～2016年前半）

（注）　日本の輸入価格の四半期平均。

（出所）　日本銀行『企業物価指数』。

渇性資源の価格づけをうまく行うことができるのだろうか？　この点の実証分析は十分とは言えないが、肯定的な答えは導きにくい。図表3-2は原油価格の推移であるが、かなりの変動が見られる。上記の諸要因に関する情報の影響を受けて動いたと考えられる時期もあるが、投機的と考えられる動きが大きく影響を及ぼしている。枯渇性資源の供給に独占的要因が多いことも要因になっており、市場メカニズムに任せておくことの弊害も考えられる。

ただし、競争的市場の下で、いくつかの条件を前提にするならば、満たされるはずの原理がある。まずそれを見ておこう。

（3）ホテリングのルール

この議論の前提は、ある枯渇性資源があって、いつでも好きなだけ同じコストで掘削でき、将来財の取引市場も存在する、そして他の条件は一定である、ことなどである。結論は、

枯渇性資源の価格は、利子率と同じペースで上昇する。

というものである。一見意外に見えるが、その理由は比較的簡単である。現在と将来の裁定取引（裁定とは、価格に差がある時に売買でサヤを取る行為である）が行われるはずであるからである。命題の提唱者の名前にちなんで、**ホテリング・ルール**と呼ばれる。

仮に、枯渇性資源の将来の価格がこの命題が示す水準より高ければ、今は借金をして、将来に掘削して売却することが有利になる。借金に伴う金利を支払う必要はあるが、将来に高値で売れるのでそれに見合うからである。こうして将来の供給が増加する。逆に、将来の価格がこの命題が示す水準より安ければ、将来に供給するよりも今掘削をして供給して、お金で運用することが有利となるので将来の供給は減少する。

ただし現実には、上記（3）の冒頭に書いた様々な前提は満たされてはいない。したがって原油価格などは大きく変動するのである。

4　持続可能性と環境

（1）成長と環境との関係に関するかつての発想

成長と環境との関係に関するかつての発想は、トレード・オフ（あちらを立てれば、こちらが立たない）である。すなわち、環境制約は成長制約要因の1つであり、環境基準をどの程度厳しくすると、成長や経済活動がどの程度制約されるかを検討したうえで、どこでバランスを取るかを決める必要がある、という発想であった。

（2）成長と環境との関係に関する見方の修正

しかし国際社会の認識は次第に、**持続的な成長**（sustainable development）の実現が重要だというものになってきた。持続可能な成長（発展）という概念に反対する声は少ないが、その内容が検証可能な形で定義されているとは言い難い。以下に、いくつかの定義を見てみよう。

①ブルントラント委員会による定義

ブルントラント委員会（国連、1987年）の報告書「Our Common Future」では、中核的理念を「将来世代のニーズの充足を危険にさらすことなく、現在世代のニーズを満たすような開発」と定義している。しかし、この定義だと、2つの要請がトレード・オフになる際にはどのようなバランスを選択すべきか、という観点が不明確である。将来世代にはいささかも悪影響を与えてはいけないと解釈することもできるが、上述のようにわれわれは枯渇性資源を消費しているので、これが現実的な解釈とは言い難い。この定義を世代間のパレート最適を主張していると解釈することも可能であるが、複数のパレート最適の中からどれを選択すべきかについての現実的な指針にはなっていない。

②持続可能性に関するより具体的な基準

そこでより具体的に、持続可能性に関して以下のような基準が提唱されてきた。

「再生可能資源の利用速度は、再生速度を超えてはならない」(i)

「枯渇性資源の利用は、代替的資源が作れる範囲内にとどめる」(ii)

「汚染物質の排出は、環境が無害化できる範囲内にとどめる」(iii)

「人間が作った物質の濃度が増え続けないようにする」

「地殻から取り出した物質の濃度が増え続けないようにする」

このうち（i)、(ii)、(iii）の基準がハーマン・デリーの3原則と呼ばれるものである。

なお、このような、現在世代と将来世代という世代間の側面だけでなく、南北間や生物種間の側面も含めて定義しようとする考え方もある。

③閾値と非可逆性

上記の（i）や（iii）の基準は、閾値や非可逆性などの概念を念頭に置いたものである。**閾値**（いきち）とは2つの変数の関係が非連続的に変化する場合に、その値（原因となるほうの変数の値）であり、その値を超えると影響が急速に大きくなる場合に用いられることが多い。安全基準設定などに際して重要な要素となる。

一方、**非可逆性**とは、もとに戻せなくなること、あるいはもとに戻すのに膨大なコストがかかるようになることである。環境分野では生態系の自浄能力や汚染物質の拡散・混合との関係が重要であり、もとに戻すことのコストが、ある段階から急増する領域があることが多い。ある程度の汚染が進むと、自然界の自浄機能が追い付かないだけでなく、自浄機能そのものが破壊されてしまう可能性に注意が必要である。こうした意味で非可逆性は閾値の概念とも関係しているが、可逆性のある分野でも閾値が重要な意味を持つことがありうる。

また汚染は、濃度だけが問題ではない。濃度が濃い場合には、分離・回収が比較的容易な物質であっても、水などによって薄めた後には分離・回収が困難になる場合が多い。また、汚染物質が一種類であれば分離・回収が容易な場合であっても、様々な汚染物質が混ざってしまうと処理が困難になる場合が多い。

④現実的な持続可能性

さて、②で紹介した様々な基準は、①のブルントラント委員会による基準よりも踏み込んだものではあるが、以下の理由から、現実的指針とするにはなお課題が残されている。

(a) 上記②の基準におけるキーワード（再生、代替、無害化）は、100％実施することは困難であると考えられるが、どの程度で達成されたとみなすかについての現実的な定義が必要であろう。

(b) 枯渇性資源の利用は（ii）の基準を明らかに超えて進んでいる。現在われわれが必要としているのは、より緩やかではあるが、より現実的な歯止めであろう。

(c) 代替的な資源を作るために、枯渇性資源に手をつけることが必要である場合が多い。そうした際に、どのような条件でどの程度まで枯渇性資源を使ってよいことにするのかに関する基準を作ることも重要である。

(3) 予防原則

このような状況の下で、非可逆的な問題をもたらす可能性がある場合には、科学的な不確実性が残されていても規制などの措置を講じるべきではないのか、という考え方が有力になってきた。この考え方を**予防原則**と言う。

1992年に開催された国連環境開発会議（UNCED）の地球サミットにおけるリオ宣言では、第15原則として、重大または取り返しのつかない被害をもたらす可能性がある場合には、費用対効果の良い環境悪化防止策の導入を、科学的な確実性が完全ではないことを理由にして遅らせてはならない（Where there are threats of serious or irreversible damage, lack of full scientific certainty shall not be used as a reason for postponing cost-effective measures to prevent environmental degradation.）と述べている。

復習問題

①枯渇性資源には、石炭、石油、天然ガスなどの________燃料や、金属資源などがある。確認埋蔵量と年間生産量との比を、________年数と呼ぶが、石油や天然ガスについてはこれが長期的に見て（短縮化して、ほぼ横ばいで推移して）きた。

②強力________石や________晶、________ガス浄化などに用いられるレア・________の価格は________が輸出を抑制したことを背景に、2011年に急騰した。しかし、代替材料の開発に加えて、探鉱活動も進み、その後は価格は大幅に________した。日本でも、________付近の海底に大量の鉱床がある。こうした、鉱物資源を使用済みハイテク製品から回収する可能性に注目して________という言葉が使われることもあるが、一方で回収作業が________国で深刻な環境汚染を伴って行われていることにも注意が必要である。

③枯渇性資源の望ましい利用ペースを左右する要因には様々なものがあるが、________にそのような要因が適切に反映されているとは考えにくく、過去にも乱高下があった。

④理想的な条件の下で、枯渇性資源の価格がどのように推移するかを示したものが________のルールであり、それによれば価格の上昇ペースは、________と同じになる。

⑤２つの変数の関係があるところで非連続的に変化する場合に、その値を________と呼ぶ。健康被害などの影響を議論する際に用いられる________量という言葉とも密接な関係がある。

⑥一方、もとに戻せないという性質を________性と言う。自然環境の浄化能力には限度があるので、汚染量があるレベルを超えると、自然の浄化能力に期待しにくくなるという点で、この概念と⑤で示された________の概念は密接に関係することがある。また汚染は濃度だけが問題ではなく、________させたり、他の汚染物質と________てしまうと、回収が困難になることにも注意が必要である。

⑦非可逆的な問題をもたらす可能性がある場合には、科学的な不確実性が残っていても規制などの措置を講じるべきではないか、という考え方を________

と呼び、1992年に開催された国連環境開発会議（UNCED）の地球サミットにおける________宣言で明記された。

第4章

不確実性と情報の経済学

環境とエネルギーに関する問題には、不確実性が絡むものが多い。生態系に関するわれわれの知識は完全ではないし、有害物質でもすべての人に症状が現れるとは限らない。地球温暖化の要因についても様々な見方がある。将来どれだけの油田が発見されるのか、核廃棄物の無害化技術が実用化されるのはいつかなどに関して不確実性がある。しかし、不確実であるからと言って、いつまでも判断を先延ばしにはできない問題も多い。

一方、物事が不確実な中で、重要なのが情報である。情報も取引の対象になるが、財やサービスとは異なる様々な性質を持ち、そうした特性のゆえに取引が円滑に進まないことが環境やエネルギーに関する問題の原因になることもある。

本章では、不確実性と情報に関する経済学の考え方を見る。

キーワード

不確実性　ナイトの不確実性　期待値　分散　期待効用
リスク回避　適合的期待　合理的期待　情報の非対称性
モラル・ハザード　逆選択　レモン

1　不確実性とは何か？

（1）不確実性の種類

一口に**不確実性**と言っても、いくつかのレベルがある。

まず、確率分布がわかっているものがある。例えば、来年の今日の東京の天気や気温である。これを正確に予測することはできないが、その確率分布はかなり正確にわかっている。こうしたものをリスクと呼ぶことがある。ただし、日常的に使うリスクという言葉が必ずこうしたものであるとは限らない。人々の平均余命には統計があり、その分布は比較的正確にわかるが、それに対してリスクという言葉は普通は使われない。大規模地震にはある程度の規則性が認められるものもあるが、その予知はかつて考えられていた以上に困難だということがわかってきた。

一方、確率分布がわかっていないものもある。測定不能な不確実性こそが不確実性である、とナイトが議論したことから**ナイトの不確実性**と言われる。確率分布もわからない、あるいは想定できないような不確実性である。ナイトはこうしたものを例外的事象であると考えていたわけではなく、不確実性は企業活動の本質と深くかかわっており、利潤が生じる本質的理由であると考えていた。確かに、企業活動の担い手は、当該活動に関しての思い入れが強くまた専門知識が深いので、彼らが成果や収益などに関して抱く主観的な確率分布は、多くの人々の考えるものとは異なることが多い。そして、その違いが企業活動の大きなモチベーションになる。

確率分布がわかっている不確実性に対しては、保険で対応できる可能性はあるが、事故が一斉に起きるような場合には対応が困難である。例えば、交通事故はバラバラに起きるので保険での対応は比較的容易であるが、大地震では一斉に被害が生じるので保険での対応はより難しい。ナイトの不確実性に対しては、保険による対応はほとんどできない。

近年、日本では「想定外」という言葉がよく使われるようになったが、2008

年のリーマン・ショックは「100年に一度」、2011年の東日本大震災（東北地方太平洋沖地震とそれに伴う津波）は「1000年に一度」とも言われたことから考えても、想定しなかったことに問題があるのであって、想定できなかったわけではない。実際にこの2つの問題についても、事前の警告はなされていた。

自然界では、確率的な事象の多くが正規分布（後述）に従うことが知られている。無数の偶然が積み重なるとそうした正規分布になるからである。株価のような資産価格に関しても同様ではないかと考えられたこともあったが、最近では、正規分布よりもっと裾が厚く（ファット・テイル）、暴騰や暴落の可能性が意外に大きいことがわかってきた。その基本的な理由は株式市場が、ケインズが指摘した「美人投票」の世界だからである。美人投票とは、最も多くの得票を得た人ではなく、その人に投票した人が報われる仕組みである。すなわち美人投票では、他の参加者の強気または弱気の行動に影響をされて、同じような行動を取る人がいるので、各参加者が独立の判断をする場合に比べて、大幅な変化が起きやすくなるのである。

さらに、不確実性の中には、われわれの無知を反映したものもある。例えば、地球温暖化の見通しや、人為的な温室効果ガスの及ぼす効果については、幅を持った推計がなされている。また、そうした推計に対して疑問を呈する人もいる。これは、地球温暖化というプロセス自体が確率的な現象であるというよりも、われわれの予測能力の精度や予測方法の差のため、さらには立場による見方の差などが反映されているからである（コラム①「いわゆるクライメートゲート事件」を参照）。

以下では、基礎に戻って、確率分布が想定できることを前提として、経済学の基本的な発想を解説しよう。

コラム 1 ▶いわゆるクライメートゲート事件

地球温暖化に関する研究を主導している気象学者たちが問題を過度に誇張しているのではないか、という疑惑が広まったのがクライメートゲート事件である。2009年11月、イギリスのイースト・アングリア大学の気候研究ユニットのサーバーが不法に侵入され、電子メールの情報が盗まれて、インターネットに流出した。流出した電子メールの中に、気象学者たちが結論を先取りして、不都合なデータを隠したり改ざんをしているのではないかと疑われる内容のものがあり、疑惑が広まった。しかし外部の専門家も加わった調査が行われた結果、データの改ざんはなかったことが明らかになった。

ただし、人為的な温室効果ガスの排出量の増加が地球温暖化の主な要因になっているとのIPCC（気候変動に関する政府間パネル）の見方に対しては、今なお疑問を呈する人もいる。

（2）確率分布の期待値と分散

期待値

確率的に動く変数は様々な値を取りうるが、**期待値**とは、いわばその平均である。具体的には、期待値は「確率×その確率で発現する値」を合計して得られる。例えばサイコロは1から6までの目がそれぞれ6分の1ずつの確率で出るので、サイコロの出目の期待値は

$$\frac{1+2+3+4+5+6}{6}=3.5$$

である。1から20までの目が出る正二十面体のサイコロは出目の期待値は、10.5となる。

仮に、図表4-1のように1の目が出たら1円をもらえ、2の目が出たら5円をもらえるというように、500円玉までの6種類のコインをそれぞれの出目に割り当てておいた場合の期待値はどうなるであろうか？　それぞれの確率は6分の1であるので答えは

	確率	もらえる金額	掛け算（円）
⚀	$\frac{1}{6}$	1円	$\frac{1}{6}$ 円
⚁	$\frac{1}{6}$	5円	$\frac{5}{6}$ 円
⚂	$\frac{1}{6}$	10円	$\frac{10}{6}$ 円
⚃	$\frac{1}{6}$	50円	$\frac{50}{6}$ 円
⚄	$\frac{1}{6}$	100円	$\frac{100}{6}$ 円
⚅	$\frac{1}{6}$	500円	$\frac{500}{6}$ 円
合計	1		111円 ← 期待値

図表 4-1　期待値の例

$$\frac{1+5+10+50+100+500}{6}=111円$$

になる。

分散

分散とは、期待値の周りの散らばり具合である。確率分布の幅が広い場合には、期待値からかなり離れた数値を取ることが珍しくない。どの程度の広がりがあるかを集約的に示したものが分散である。具体的には、

確率×((その確率で発現する値－期待値)の２乗)

の合計として求められる。例えばサイコロの出目の例では、その分散は、

$$\frac{(1-3.5)^2}{6}+\frac{(2-3.5)^2}{6}+\frac{(3-3.5)^2}{6}+\frac{(4-3.5)^2}{6}+\frac{(5-3.5)^2}{6}+\frac{(6-3.5)^2}{6}$$

$$=\frac{(-2.5)^2+(-1.5)^2+(-0.5)^2+(0.5)^2+(1.5)^2+(2.5)^2}{6}$$

として求められる。この値は約2.917となる。これがサイコロの出目の分散である。では、正二十面体のサイコロ（1～20の目が等確率で出る）の出目の分

散はいくつになるだろうか？　上記の方式で計算するとやや面倒ではあるが33.25となり比較的大きいことがわかる。

なお、分散は、変数の二乗の期待値から期待値の二乗を差し引いて求めることもできる。

標準偏差

分散の平方根のうち、正の値のほうを標準偏差と呼ぶ。複数の分布を比較する時には分散で比較しても標準偏差で比較しても同じ順序になるが、標準偏差の単位は期待値の単位と同じになる。上記の通常のサイコロ（立方体）の例では約1.708、正二十面体のものでは約5.766となる。

確率過程

時間とともに値が変化していく確率変数のことを確率過程と呼ぶ。例えば、サイコロを何回も振り続ける場合である。そして、確率過程の性質（具体的な値ではなく性質）が時間とともに変化しないものを定常的な確率過程と呼ぶ。サイコロを振って作られる系列は、定常的な確率過程である。

時差相関

時間とともに値が変化すると言っても、前の値と現在の値との間に相関がある場合とない場合がある。この点を区別するために、時差相関という概念が用いられることがある。サイコロの場合には時差相関がゼロである。定常的な確率過程では時差相関は2時点間の時間差のみに依存し、時間の経過とともに変化することはない。

さて、ここで、代表的な確率分布としての正規分布と、代表的な確率過程としてのランダム・ウォークについて解説しよう。

①正規分布

正規分布は、代表的な確率分布であり、ガウス分布とも呼ばれる。左右対称な釣鐘型をしており、期待値をゼロ、標準偏差を1として描くと、2（標準偏差の２倍）以上の数値を取る確率は約2.3％である。マイナス２以下も含めて考えれば、期待値から標準偏差の２倍以上離れる確率は５％弱ということになる。多くの偶然が積み重なってできる場合には、このような正規分布を取ることが多い。

②ランダム・ウォーク

次の期までの変化幅がランダムに決められるものであり、典型的なランダム・ウォークは、例えばコインを投げて表が出れば前に一歩進み、裏が出れば後ろに一歩下がるというものである。こうして発生させた系列は、時として出発点から離れ続ける動きをするが、十分に時間をかければ必ず出発点に戻ってくることが証明されている。二次元空間でのランダム・ウォーク（前後に加えて左右にもランダムに移動するもの）もこうした性格（再帰性）を持っているが、三次元以上になると、出発点に戻ってくるとは限らない。

2　不確実性に関する経済学のアプローチ

ここまで不確実性の定式化に関して基礎的な事項を説明してきたが、本節ではこうした不確実性がある中で、人々はどのように行動をするのかについての経済学の考え方を見てみよう。

（1）　経済主体の対応

①期待効用最大化――経済学の伝統的な考え方

伝統的な経済学では、人々は金額（所得など）の期待値を最大化するのではなく、金額から得られる効用の期待値を最大化する、と考えるのが基本である。すなわち図表4-2のように、金額または所得によって定義された効用を考え、同じ１円の差でも所得が少ない時にはその効用への効果（限界効用）は比較的大きく、所得が多い時には効用への効果は小さいと考えるのである。換言すれば、限界効用は逓減することを想定している。図表4-2で言えば、効用関

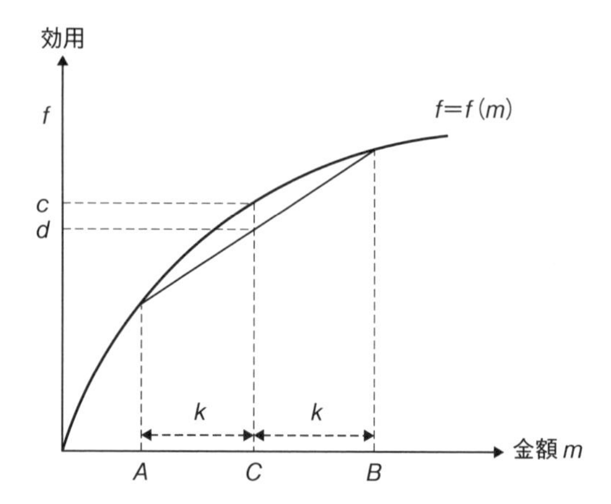

図表 4-2　限界効用の逓減と期待効用の最大化

数の傾きがだんだん緩やかになっていることと対応している。

図表4-2のようなタイプの効用関数を持った人が、C円のお金を持っているとしよう。ある「賭け」があって確率2分の1で勝てば、k円がもらえて所持金はB円に増える。一方で、確率2分の1で負けると、所持金はk円減ってA円になるとしよう。この賭けの期待値は0円であり、この人の保有するお金の期待値はC円で、今の保有金額と同じである。この意味で、この賭けは公平であると言える。

しかし上記の**期待効用**最大化という考え方に即して考えるならば、この人は「賭け」をしない。なぜならば、現在の効用はcであるが、この賭けを行った場合の期待効用はdに下がるからである。この効用関数のグラフが上に凸である限り、A円とB円に対応する効用関数上の点を結んだ直線は効用関数より下側に位置する。

このように、限界効用が逓減している場合には、人々は公平な賭けでもやらない。このような人々の性向をリスク回避的と呼ぶ。一方、効用関数の形が下に向かって凸であるタイプの人々は、多少は不利な賭けでも行うことを、同じ議論から導くことができる。

ところで、サンクトペテルブルクのパラドックスと言われるものがある。表が出るまで公平なコインを投げ続ける。そして、1回目で表が出たら100円がもらえ、2回目に初めて表が出たら200円、3回目なら400円、……ともらえる金額が倍々になっていく。あなたならば、このゲームの参加料がいくらならば参加するであろうか？

このゲームの期待値は無限大である。しかし、普通の人は、数百円の値打ちしか認めないであろう。なぜなら、普通の人々はリスク回避的であるからであり、それに加えて時間も限られているからである。

②期待効用最大化仮説の限界

ここまでが経済学における伝統的な考え方ではあるが、こうした議論にはいくつかの問題があることがわかっている。この期待効用最大化仮説では、第1に、効用の順序だけだはなく差の大きさも問題にするという意味で、基数的な効用関数を想定していることである。これは、効用について議論をする際には、順序だけを問題にする序数的な概念だけで十分であるとする現代経済学の例外になっている。しかし不確実性の下での意思決定の場合には、基数的効用を持ち出さなくてはいけない本質的な理由を見つけることは困難であろう。

第2に、保険に加入しているようなリスク回避型の人が、一方で宝くじ（公平ではない不利な賭け）を買っていることを説明できないことである。1枚300円の宝くじの期待値を計算するとおおよそ143円程度であり、公平な賭けではない。しかし、人々が宝くじを購入するのはなぜであろうか？　人々はリスク愛好的（リスク回避的の反対）であるからと説明することも可能ではあるが、そういう人々も損害保険などに加入して普通に暮らしていることが多い。人々は、宝くじを購入することをとおして夢を買っている（または、当たり外れのスリルを楽しんでいる）、という説明しかできないのであろうか？

こうした問題に対応するための議論が近年では進んできているが、本書の範囲を超えるので、これ以上深くは立ち入らない。

③リスク回避の下での資産選択

不確実性の下での意思決定に関する経済学の考え方は、保険や防災だけでなく、資産運用の理論にも応用されている。一般に値下がりすることのない安全

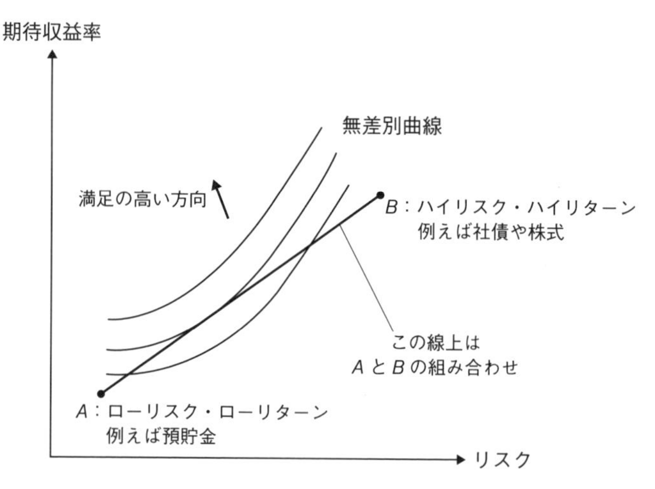

図表 4-3　期待収益率とリスクに関する無差別曲線

資産は収益率が低く、値下がりすることもありうる危険資産の期待収益率は高い。こうした状況の下で、人々がどのような割合で危険資産を持つかについての理論が構築されている。人々は、期待収益を大きくしたいが、一方ではリスク（不確実性）を嫌うので、図表 4-3 のように、人々の期待収益率とリスクに関する無差別曲線が下に凸であるならば、安全資産と危険資産の最適なバランスが決まることになる。

④環境関係の不確実性

不確実性の絡む環境問題にこうした考え方を適用するにあたっては、ほかにも重要な観点がある。問題が発生した場合の被害の大きさが、こうした理論が想定しているような通常の範囲にとどまるのかどうか、リスクを防止するためのコストはどの程度かかるのか、妊婦・子供・特異体質などの特定の人々に被害が集中する可能性がどの程度あるのか、といった観点である。

⑤市場メカニズムの利用拡大

環境問題に関する不確実性の中には、その分布が比較的想定しやすい天候のようなものもある。こうしたものについては、前述のように保険での対応が比

コラム② CATボンド

CATボンド（catastrophe bond）は、大きな自然災害（地震、台風、洪水など）に関するリスクを負担する代わりに、災害が起きなかった場合には高い利回りが見込める債券である。満期は3年～4年のものが多い。

CATボンドは、保険会社が再保険をかける代わりに発行することが多いが、事業会社が地震債券を発行した例もある。規定された災害（トリガーと呼ぶ）が起きた場合には、発行主体（借り手）は返済の一部または全部が免除される。発行主体側から見た時の保険購入との差は、資金の使い途に必ずしも制約がないこと、および保険会社の信用リスクを心配する必要がないことなどである。一方、資金の運用主体から見た時には、CATボンドは景気、株価、金利などとの相関が小さいので、リスクを分散するための有効な手段となる。

1992年にアメリカを襲ったハリケーン（アンドリュー）のために再保険市場での保険料が上昇したことから、CATボンドの発行が増加した。しかし、リーマン・ショックの際に、信用保証（災害が起きなかった場合の元利支払いの保証）を行っていた投資銀行の破綻で不履行になったものが出たことから、一時はCATボンドの発行が止まった。しかしその後に、信託を利用する新しい仕組みが考案されて、CATボンドの発行額は再び増えている。資金の出し手（購入主体）は、かつては保険業界が多かったが、次第に年金ファンドやヘッジ・ファンドなどが増えている。

ウイルス・キャピタル・マネジメント社の調べによると発行額は2014年に大きく伸びて80億ドルを超えた。その後はやや減少して年60億ドル程度のペースになっている。

較的容易であり、お天気保険付きの旅行が販売されるなど実用化されている。一方で、地震やハリケーンなどの発生頻度はより不安定である。しかしそうした自然災害に対応するCATボンド（コラム②を参照）の発行も最近では増えている。

（2）期待形成に関するいくつかの仮定

期待とは、経済学では予想や予測のことであり、「そうなると良い」というニュアンスはない。期待形成に関しては、以下のような仮定のどれかが用いられることが多い。

①完全予見

完全予見とは、将来が予見できるとする仮定であり、当然ながら非現実的なものである。しかし、長期のシナリオを作る時などには、暗黙裡に仮定されることもある。例えば、無駄な設備投資はしないという想定の下で、もし炭素税が引き上げられるならば、産業界はそれを織り込んで前もって省エネルギー設備に入れ替えを行うと仮定する、といった発想をする。

②適合的期待

ある変数の将来を予測する際に、人々は、当該の変数の過去の動きを見て予想するとする仮定である。例えば、売上げが増えると、将来の売上の想定も上方修正されるとするものである。別の例としては、低成長が続くと、期待成長率が下方修正される、とする考え方である。

③合理的期待

第1章「環境とエネルギーの経済学では何を学び、何を問題にするのか」でも触れたが、人々は、様々な情報を用いて将来を予想し、システマチックに誤ることはないとする仮説が合理的期待の仮定である。例えば、中東で政情不安があると、ガソリン価格がいずれは上昇すると先回りして予想するというものである。別の例としては、夏の株価を上側に外す傾向に気づくと、その分だけ控えめに予測する、とする考え方である。

上記の3つのどの仮定を採用するかによって、政策効果や将来展望などが大きく異なる可能性に注意が必要である。第11章「環境とエネルギーの技術」で述べるように、炭素税導入などの影響を考える際に、それが前もって予見されていた場合と、突然行われる場合では影響が大きく異なる。

3 情報の特殊性と非対称性

情報が不十分であることの影響は、不確実性の影響と似ているが同じではない。以下では、情報が不十分な場合の市場の失敗に関して簡単に考察してみよう。

（1）情報という財の特殊性

情報は特殊な性格を持った財（またはサービス）である。まず、取引の前には、その情報の見本を見たり試用して確認することは困難な場合が多い。データベースなどの定量的な情報については、表の中身は伏せて形式だけを見せて買い手と交渉することはできる。しかし、より定性的な情報になると、その中身を告げずにどのようなものであるかを理解してもらうことは容易ではない。情報の中身を告げた後に代価を求める方式では、売り手の立場は弱くならざるをえない。

また、情報は規模の経済性を持つことが多い。情報の複製（コピー）は通常はきわめて安価にできるので、１つの情報は多くの事例や場所で活用できる可能性がある。例えば、ある財の新しい生産方法のような情報は、多くの人が応用することができる。伝統的な財に関して、ある部品から生産できる製品の数が限られていることとは対照的である。

このため、情報が安易にコピーされることがないように、特許制度などによる保護がなされている。しかし、どこまでが保護の対象となりうるのかについては、素人では見当がつけにくいこともある。

（2）情報の非対称性

情報に関しては、不確実性だけでなく、非対称性が重要である。**情報の非対称性**とは、当事者間で情報が異なることである。例えば、売り手と買い手の間では、情報が異なる場合がある。特に新しい買い手は、商品やサービスの品質、欠陥などに関して不十分な情報しか持っていないが、売り手はそれらについてよく知っている。

専門的なサービスに関しては、需要者と供給者の間には情報の非対称性が大きいことが多い。例えば、患者よりも医者のほうが、病気の深刻さや、医者の技量については正確に知っている。また、お金の借り手と貸し手の間にも情報の非対称性は存在する。借り手は、資金の用途、プロジェクトの成功の見込みなどについてよく知っているが、貸し手は、相手からの話に大きく依存せざるをえないので、担保の確保などのリスク回避措置を講じることも多い。同様の状況は、依頼人（プリンシパル）と代理人（エージェント）の間にも見られる。代理人のほうが事情をよく知っているので、依頼人によるコントロールは不完全なものにとどまることが多い。

(3) 市場の失敗

情報の非対称性や不完全性の程度が大きいと、市場の機能不全も大きくなる。例えば中古車市場では、中古車の売り手はできるだけ高く買ってもらおうとして、事故履歴などを隠したり、その程度を軽めに申告しようとするであろう。そうすると、買い手のほうもそうした傾向を織り込んで、安めの価格でしか買おうとはしなくなる。このような状況の下では、事故履歴のない良い車の持ち主は、中古車市場で売却するよりも、自分のことを信頼してくれる友人などに売ろうとするようになる。そうなると問題を抱えた自動車が中古車市場に占める比率は、いっそう上昇してしまうことになる。

同様の問題は、保険市場にも起こりうる。保険に加入しようとする人は、何らかの意味で自分は高リスクであることを意識している可能性がある。そうであるならば、そうしたリスクに対応するためは、保険料は高めに設定されることになる。それでも保険に加入しようとするお客は、高いリスクを自覚している客のみになる。

さらに、保険に加入したこと自体が、加入者の行動を変えてしまう可能性がある。事故や盗難が保証される保険に入っていれば、そうでない場合に比べて、事故や盗難のリスクに対する注意が少なくなるのが普通であろう。このように、危険を防止する仕組みが人々の注意を緩めてしまうこと（より一般的には軽い責任しか問われないために行動が歪むこと）を**モラル・ハザード**と呼ぶ。モラル・ハザードがある時には、保険料はその分だけ高く設定されることになる。

このような理由で、市場への参加が特定の事情を抱えたお客や商品に限られてくることを**逆選択**と呼ぶ。また、そうした事情を抱えた商品のことを**レモン**と言うことがある。

このような問題を緩和するためには、様々な仕組みが考えられている。例えば、試供品を提供することや、保証制度、認証制度などを定めることである。

（4）不正確な情報が開示される可能性

情報の使われ方に関する思惑から、情報が歪められて開示される可能性もある。

例えば第7章「排出権取引」に出てくる例であるが、ある汚染物質の排出を抑制するためのコストについての情報を政府が必要としている場合に、それを当該汚染物質を排出している民間企業に聞くことで、正しい情報は得られるであろうか？

その情報の使い途を察した企業は、規制が緩やかなものになることを期待して、コストを過大に申告したとしても不思議ではない。

また、再生可能エネルギーによる発電についての固定価格買取制度（第14章「日本のエネルギー政策」を参照）を発足させるに先立って、買取価格を設定するために、政府は業界から発電コストに関するヒアリングを行ったが、こうした文脈で聴取されたコスト情報には過大なバイアスがあると考えるべきであろう。

さらに、環境保護や災害対策の義務を負っている事業者に、十分な対策が講じられているかを質問した場合の答えも、バイアスがある可能性があるであろう。外部からのチェックが困難な分野に関しては、コスト削減のために、十分な対応が取られない可能性があることに注意することが必要である。

このように、正確な情報が供給されない可能性が想定される場合には、正確な情報が供給されるための仕組みをどのように構築するべきかを検討したり、バイアスがありえる情報に依存しないで政策を立案する方法を検討する必要がある。

復習問題

①不確実性と言っても様々な種類がある。確率分布もわからないものを＿＿＿＿の不確実性と言う。

②＿＿＿＿がわかっている場合には、＿＿＿＿をまず問題にする。それは＿＿＿＿的に見てどの程度であるかを予想したものである。

③しかし、人々や企業が所得に関してそれを最大化する行動を取っているとは限らない。宝くじの購入のように平均的に見て＿＿＿＿なことをやることもあるし、サンクトペテルブルクの＿＿＿＿のように平均的に見て＿＿＿＿なのにやらないこともある。

④後者の1つの理由として、所得に関する限界効用が＿＿＿＿している中で、人々が期待＿＿＿＿を最大化しており、リスク＿＿＿＿的であるという説明をすることができる。

⑤そのような人々は、資産運用においても期待収益率が同じなら、不確実性が＿＿＿＿資産を選好するが、期待収益率が高い資産の収益率の不確実性は＿＿＿＿のが普通なので、ある程度の割合で＿＿＿＿を保有する。

⑥＿＿＿＿仮説とは、人々が将来に関して予想をする場合に、同じ種類の過ちを続けることはない、とする考え方である。

⑦情報の＿＿＿＿性がある場合には、市場の失敗が生じる。この問題はICTの発達によって解決できるとは限らない。なぜなら、当事者が開示＿＿＿＿情報もあるし、虚偽またはバイアスがあったとしても、＿＿＿＿的にもチェックできない情報もあるからである。

⑧上記の問題は、商品の売り手と買い手、資金の借り手と貸し手、＿＿＿＿人と＿＿＿＿人の間にも生じる。

⑨買い手に十分な情報がないと、買い手のリスクが大きいので、例えば中古車の価格は＿＿＿＿めに設定される。良い中古車を持っている人は、市場ではなく＿＿＿＿に売ろうとする。そのため、質の悪い売り物（＿＿＿＿）だけが市場に供給されがちになる。安い価格は品質の悪さを意味すると解釈さ

れ、買い手が現れず市場が成立しない場合がある。こうした現象を＿＿＿＿と呼ぶ。

⑩保険に加入することによって、人々の注意が散漫になることがある。こうしたことを＿＿＿＿・ハザードと呼ぶ。

第5章

政策手段と部分均衡分析

エネルギーや環境に影響を及ぼすための政策手段には様々なものがある。本章ではそれらを概観した後で、政策の望ましさを評価するための方法について説明する。

ある政策の導入によって有利になる人もいる一方で不利になる人もいるのが普通であり、それをどのように総合して望ましさの判断に結び付けるかという問題の答えは必ずしも容易ではない。しかしこの点に関する厳密な議論をしておくことは、第6章「環境税」や第7章「排出権取引」などの経済的手段の特徴や含意を理解するうえで重要である。

特定の分野に焦点を当てた経済分析の手法を部分均衡分析と呼び、広く用いられているが、これと上記の「望ましさ」に関する議論との関係について説明する。

キーワード

外部不経済　環境政策　経済的手法（手段）　部分均衡分析
消費者余剰と生産者余剰　総余剰（社会的余剰）　価格効果
所得効果　正常財　劣等財

1　外部不経済とその対策

外部不経済とは第２章「外部性の経済学」でも触れたように、金銭などで対価が支払われることがない迷惑のことである。これが市場の失敗をもたらし、パレート最適という、ある意味で望ましい状態の実現を阻害する要因になる。そこで、何らかの介入の必要が考えられることになる。環境に関する外部不経済を起因させる問題の是正を試みるのが環境政策である。

（1）環境政策の種類

環境政策には様々な種類がある。分類の仕方も決まったものはないが、ここでは、以下のように大別してみよう。

①規制

排出基準などを定めて、遵守を求めるものである。具体例としては第７章「排出権取引」４節にあるように下水の水質規制、騒音規制、自動車の排出ガス規制などがある。

②経済的手法または経済的手段（税、排出権取引、補助金など）

第６章で詳しく論じる環境税のほかに、第７章で説明する排出権取引がある。また補助金も**経済的手法**の１つである。第14章「日本のエネルギー政策」で説明する再生可能エネルギー発電の固定価格買取制度（FIT：Feed-in Tariff）も補助金に近い内容を含んでいる。

③その他の手法や手段

環境政策には上記の２つのほかにも様々なものがあり、これをさらに、(a)インフラ整備に関するもの、(b) 情報的手法、(c) その他、などに区分することもある。具体例としては、廃棄物処理のためのインフラ整備、町づくりに関する自主協定の促進、優良企業の公的認定、情報公開ルールの作成、環境モニタリング、環境アセスメント（第９章「環境評価」を参照）などがある。本章の２つのコラムで取り上げる例（クールビスや商慣行の見直し）も情報的手法に分類すべきものであろう。なお、情報的手法であっても強制力を伴うものは規制の一種と考えることもできるが、排出などを直接規制するものと、排出量の情報開示を義務づけるものとは性格が異なる。

これからの数章ではまず、経済的手法の説明をする。その後の第７章４節では、規制の例を簡単に説明して、２つの政策の特性を比較することにする。

コラム 1 ▶クールビズ

規制や経済的手法以外にも政策手段がある。その一例がクールビズである。

クールビズとは、クール（涼しい、恰好良い）という言葉とビズ（ビジネス）を組み合わせた造語である。2005年に小泉内閣が始め、環境省が多額の広報費用を用いて推進している。それ以前にも政治家が半袖の背広を着たりしたことがあったが定着しなかった。当初は夏の冷房設定温度を28度に上げる代わりに軽装化を呼びかけることが中心であった。経済効果（衣類の買い替えなど）についての試算もあり、海外でも見倣う例が出てきた。

スーパー・クールビズは従来のクールビズを進化（拡大）させたもので、2011年から実施されている。軽装化も一段と進められ、環境省では、ポロシャツ、アロハシャツ、スニーカーなどが解禁になった。ただしＴシャツ、ハーフパンツ、サンダルなどは認められていない。また、時期も拡大され、５月～10月がクールビズ期間、６月～９月がスーパー・クールビズ期間となった。

分野も軽装化だけでなく、「クールワーク」（勤務時間の朝シフト、残業なし、長期の夏休み）、「クールハウス」（遮熱、グリーンカーテンなど）、「クールアイデア」（打ち水、食べ物、冷却ジェルなど）、「クールシェア」（家族が涼しい部屋に集まる、涼しいところで過ごす、そのための地図など）に拡大され、こうした取り組みは2012年のグッドデザイン賞を受賞した。

コラム2 ▶食品ロス削減に向けた商慣行の見直し

スーパーマーケットなどで食品を買う時に、賞味期限をチェックし、陳列棚の後ろにより新しいものがないかを探し、あればそちらを選ぶ人も多いのではないだろうか？　日本では加工食品の納入期限に関する「3分の1」ルールという商習慣があり、製造から賞味期限までの期間の3分の1を過ぎると小売りに納品できない。これに対応する数値はアメリカでは2分の1、フランスやイタリアでは3分の2、イギリスでは4分の3であり、日本より長い期間になっている。2013年夏に農林水産省が主導してこれを2分の1にする実験が行われ、食品メーカーや卸売り、小売りの各社が参加した。

上記の商慣行があるために、まだ食べられるのに廃棄される食品も多い。いわゆる「食品ロス」は年間約500万トン～800万トンと、わが国の米の年間収穫量約813万トンに匹敵する量になっている。これは食品製造や運搬に伴うエネルギーのロスや二酸化炭素（CO_2）の余分な排出をも意味している。

また、販売期限に関しては、製造から賞味期限までの3分の2を過ぎると商品が撤去（返品・廃棄）されるという商習慣がある。納入期限を遅らせた場合にはこちらも変えないと陳列期間が短くなってしまう（納品が最も遅い場合には、1/3→1/6と半減する）ことになるが、今回の実験では、この期限については各小売店で設定するとした。

実験の結果、食品ロスの削減に「相当の効果」が見られたので、農林水産省は今後とも「納品期限緩和、賞味期限延長、日配品ロス削減など、引き続き、食品ロス削減に向けた活動を推進」していくとしている。

2　部分均衡分析

環境税などの政策がなぜ、どうして望ましいかを説明するためには、**部分均衡分析**の説明が必要である。部分均衡分析は、環境問題だけでなく、需要曲線の分析や費用便益分析などで幅広く用いられているが、その前提が明示的に議論されることは必ずしも多くない。ここではていねいに説明してみよう。まず、部分均衡分析の定義は「特定の事項に焦点を当て、これとその他一般の財（その他の多くの財を一括して扱うので所得と呼ばれることもある）とを対比させて行う分析である」と言ってよいであろう。部分均衡分析の反対概念は一般均衡分析であり、すべてのものがすべてのものに影響を及ぼしうると考えるものであるが、分析が複雑すぎて、具体的な問題についての結論を導き出しにくいことが多い。こうしたことから部分均衡分析が多用されるが、その限界にも注意が必要である。

（1）需要曲線と消費者余剰

需要曲線とは特定の財（またはサービス）の需要が価格に対応してどのように変化するかを表したものであり、普通は右下がりに描かれる。価格が下がれば需要が増えるのである。図表5-1はその例である。

次にこの図を使って**消費者余剰**について説明しよう。今この財の価格がp_0であったとしよう。しかし、価格がもっと高くp_1であったとしても、少しは需要があることをこの需要曲線は示している。この需要は、需要者の間での差異（何か事情があって、その財がどうしても必要な人もいる）によるものである場合もあるし、同じ需要者にとっての需要量の差異（山小屋のビールの価格が高くても1杯目はどうしても飲みたいが、町中ほどには飲まない）によるもの

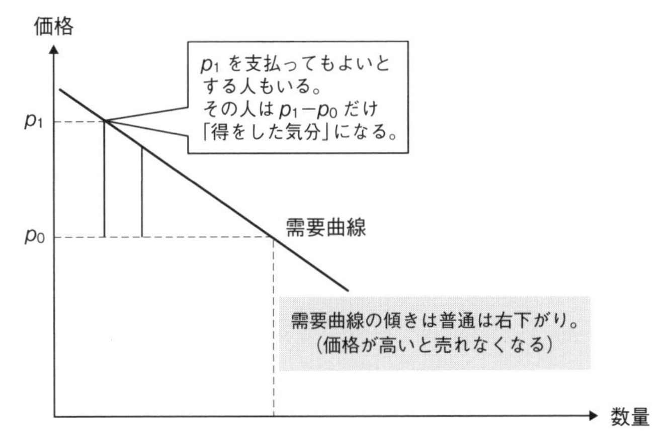

図表5-1　需要曲線

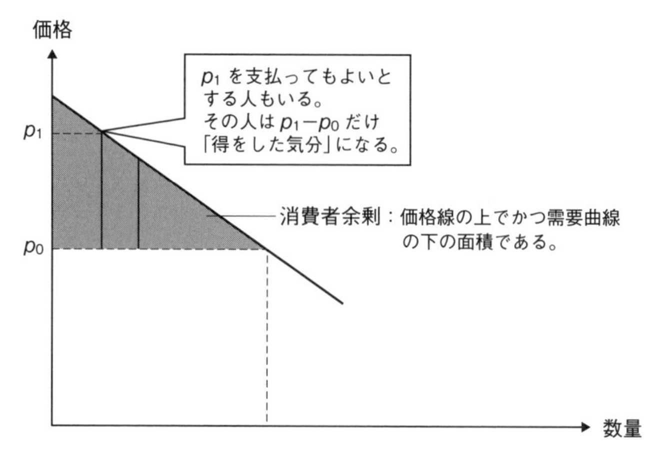

図表 5-2　消費者余剰

である場合もある。その両方の要因が混ざったものであってもかまわない。

さて、このような「価格が高くても欲しい」という需要は、この財に p_1 支払ってもかまわないと思っていたのに p_0 で購入できたので、その差の「p_1-p_0」だけ恩恵をこうむっていると考えることができる。これが消費者余剰の考え方である。価格が p_1 よりもう少し低い水準を考えると、それなら買おうという需要がまたあって、その需要にも消費者余剰が発生している。このように考えると、消費者余剰の大きさは、図表5-2のように価格を示す水平線の上でかつ需要曲線の下の面積に一致することがわかる。

(2) 供給曲線と生産者余剰

一方、財を生産・販売する立場の事情を表したものが供給曲線である。これは通常図表5-3のように右上がりに描かれる。価格が高くなれば、コストの高い生産者も生産を始めて供給してくるからである。

次にこの図を使って**生産者余剰**について説明しよう。今この財の価格が p_0 であったとしよう。しかし、価格がもっと安く p_2 であったとしても、少しは供給があることをこの供給曲線は示している。この供給は、供給者間の差異（何か事情があって、その財を安く作ることが可能な生産者もいる）によるものである場合もあるし、同じ生産者による供給量の差（少しならコストが安く

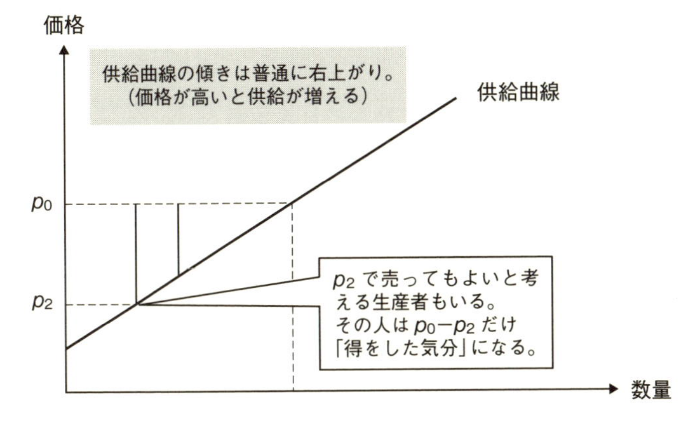

図表 5-3　供給曲線

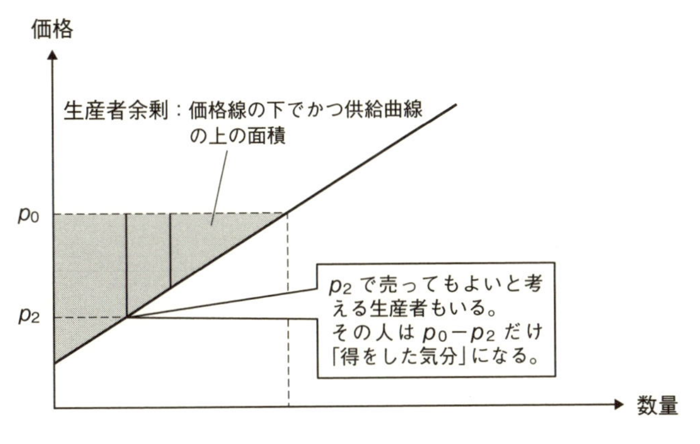

図表 5-4　生産者余剰

作れる）によるものである場合もある。その両方の要因が混ざったものであってもかまわない。

さて、このような「価格が安くても供給できる」という供給は、この財を p_2 で売ってもかまわないと思っていたのに p_0 で販売できたので、その差の「p_0-p_2」だけ恩恵をこうむっていると考えることができる。これが生産者余剰の考え方である。p_2 よりもう少し上の価格を考えてみると、それなら売ろうという供給がまたあって、その供給にも生産者余剰が発生している。このように考えると、生産者余剰の大きさは、図表 5-4 のように価格を示す水平線の下

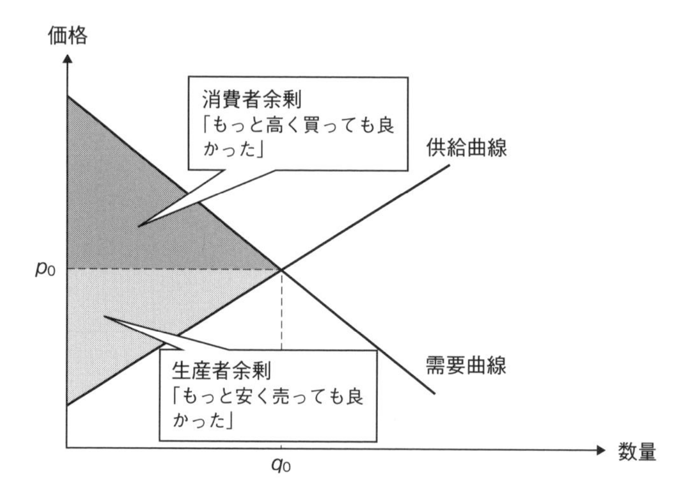

図表 5-5　需要と供給の均衡

でかつ供給曲線の上の面積に一致することがわかる。

(3) 需要と供給の均衡

需要側（消費者など）も供給側（生産者など）も十分な数がいる場合には、図表5-5のように価格は需要曲線と供給曲線の交点（p_0）の水準に決まり、それに対応する数量（q_0）が取引される。これが均衡である。もし価格がp_0より高い水準になった場合には、需要曲線に沿って需要は減少し、取引数量はq_0より少なくなる。逆に価格がp_0より安い水準になった場合には、供給曲線に沿って供給は減少し、取引数量はq_0より少なくなる。

いずれの場合にも消費者余剰と生産者余剰は変化するが、両方の和である**総余剰**（**社会的余剰**とも呼ぶ）が最大になるのは、均衡が達成されている時である。この点をもう少し詳しく見るために人為的な制約がある場合についていくつか考えてみよう。

(4) 需要と供給の不均衡

①数量規制

何らかの理由（例えば、生産割り当てなど）により、供給数量に上限が設定

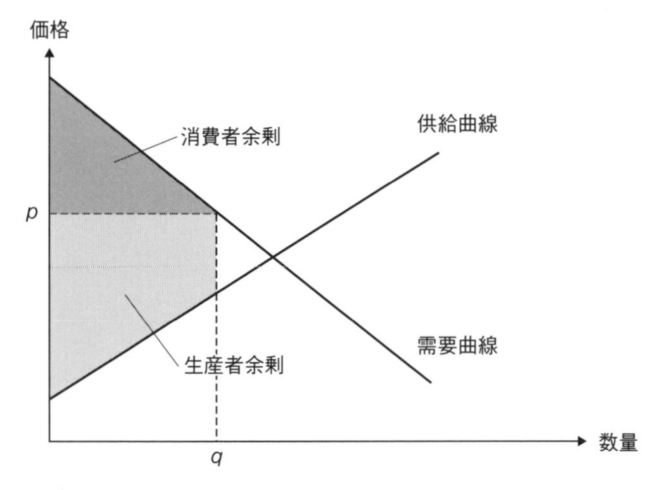

図表 5-6 数量規制

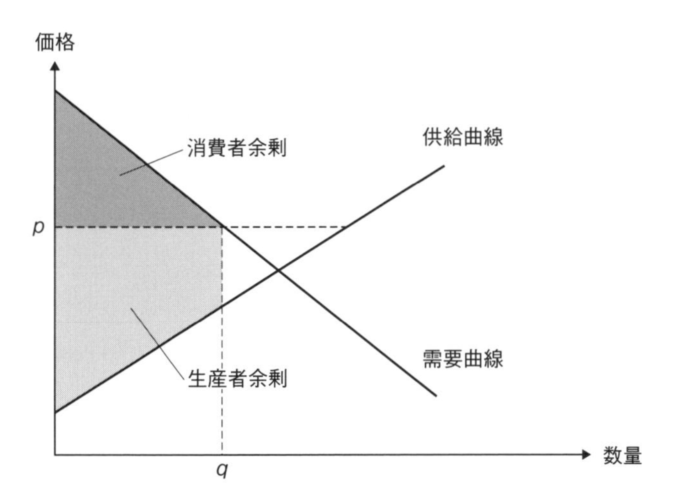

図表 5-7 高い公定価格

されているとしよう。価格がどの水準になるかは一概には決まらず、その状況によって、消費者余剰と生産者余剰の間の配分割合は変化するが、両者の和の総余剰は図表 5-6 に示されるように決まり、その値は均衡の場合よりも小さくなる。

②高い公定価格

今度は均衡の場合より高い公定価格が設定されており、それより安く売ることが禁止されているとしよう。この場合には、消費者の需要は制約され、もっと生産したい供給者が残ることになる。この場合にも社会的余剰の大きさは図表5-7に示されるように、均衡の場合よりも小さくなる。

（5）課税や補助金による公的介入

政府部門が課税をしたり、補助金を給付したりする場合でも、総余剰は均衡の場合より少なくなることを示すことができる。ただし、この場合には、以下のように総余剰は政府の収支も含めて考える必要がある。

総余剰＝生産者余剰＋消費者余剰
＋政府の税収－補助金などの政府の支出

紙幅の関係から詳細は省略するが、外部不経済のない場合には、課税や補助金がある場合よりも、課税や補助金がない場合のほうが総余剰は大きい。

（6）価格効果と所得効果

次章では、外部不経済がある場合には上記の結果とは異なり、環境税を導入することで、総余剰を大きくすることができることを説明する。ここではその前に、上記のような総余剰の議論と、第2章で見たようなパレート最適の議論はどのように関連しているかを明らかにしておこう。そのためには、価格効果と所得効果の概念を説明する必要がある。

一般に、ある財xへのある家計iの需要は、その財の価格と、その家計の所得の関数と考えられる。前節までの需要曲線では所得が省略されていたことに注意されたい。需要に及ぼす財の価格の効果を**価格効果**と呼び、(1)「需要曲線と消費者余剰」の項で説明したように普通はマイナスである（価格が上がれば需要は減る）。なお、「価格効果」という言葉は2つの意味で使われることがある。第1に、問題とする財の価格が変化した場合に無差別曲線に沿った（効用水準が一定に保たれた場合の）動き（代替効果）であり、この意味での価格効果は常にマイナスで、価格が上昇した財への需要は減少する。第2は、ある財の価格が上昇した場合には効用水準の低下がもたらされるが、その影響も含めた効果という意味であり、実質所得の低下がもたらす所得効果（後述）が負の場合（貧しくなると需要が増える場合）には、価格が上昇した財に対する需要が増えることもありうる（そのような財をギッフェン財と呼ぶ）。

さて、需要に及ぼす所得の効果を**所得効果**と呼び、プラスの場合が多い。この場合の所得とは、所得水準を意味する場合もあるが、より一般的には、効用水準を念頭に置いて言われることが多い。多くの財は、所得が増加すると需要が増える。このような財を**正常財**と呼ぶ。しかし、そうでない財もある。例えば、ジャンク・フードと呼ばれる食材はそうである可能性が高い。所得水準が高い場合には、より高級な食材に需要がシフトしていくので、ジャンク・フードへの需要は減ると考えられるからである。このような財を**劣等財**と呼ぶ。そして、両者の中間的な場合として、所得効果がゼロである財もある。すなわち、所得が増えても需要は増えも減りもしない財である。実は後で説明するように、この最後のケースが重要な意味を持つのである。

所得効果がプラスの場合とゼロの場合とでは、無差別曲線はどのように違うのであろうか？　これを説明したのが図表5-8と図表5-9である。ともに横軸

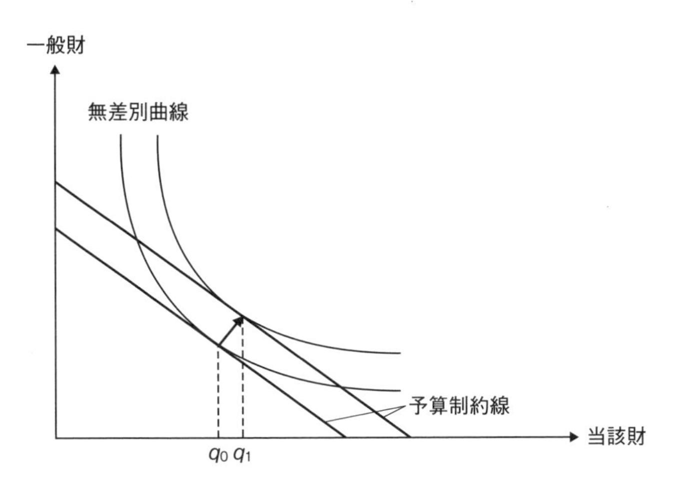

図表 5-8　所得効果がプラスの場合

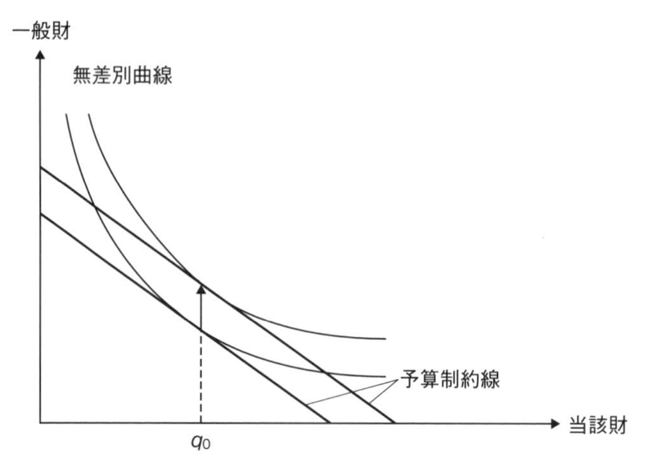

図表 5-9　所得効果がゼロの場合

に問題にしている財またはサービス（当該財と呼ぶ）の数量を取って、縦軸にその他の財をひとまとめにして考えている。ひとまとめにした財のことを一般財と呼ぶ（ニューメレールという言葉が使われることもある）。

さて、所得が増えるということは、予算制約線が上方向にシフトすることである。図表5-8では、所得の増加に伴い、当該財の消費は q_0 から q_1 に増え、一般財の消費も増える。しかし図表5-9ではそうなっておらず、当該財の消費は q_0 のままで、所得が増えても一般財への需要が増えるだけである。この違いの由来は、図表5-9では無差別曲線が垂直方向に平行移動をしたように描かれていることである。このために、同じ傾きを持つ予算制約線との接点は垂直方向に並ぶことになる。

(7) 部分均衡分析とパレート最適との関係

第2章で説明したエッジワースの箱を思い出していただきたい。第2章では縦軸にミカン、横軸にリンゴを取ったが、ここでは縦軸に一般財、横軸に当該財を取って考えよう。

もし、当該財が太郎にとっても次郎にとっても正常財であれば、当該財のパレート最適な配分を表す点は第2章の図表2-6のように右上がりの契約曲線上に並ぶことになる。すなわち、太郎の効用を（次郎の効用を下げてでも）改善

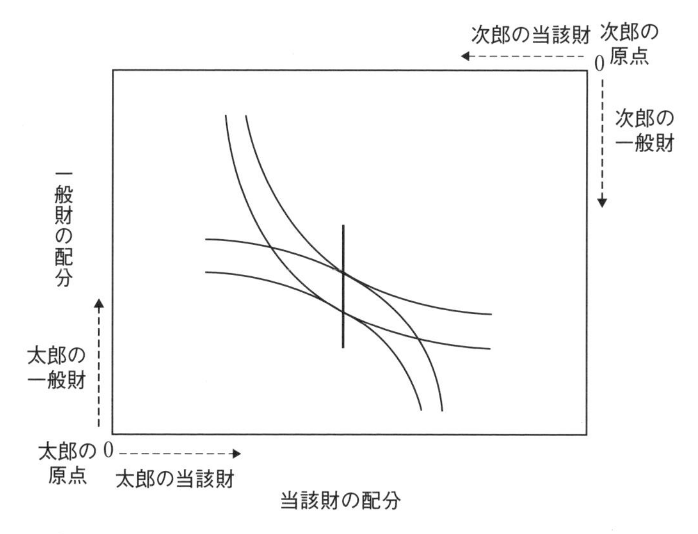

図表 5-10　当該財の所得効果がゼロの場合のパレート最適

することを重視すれば、一般財と当該財の両方を、次郎から太郎へ再配分することになる。

しかし、もし当該財の所得効果が太郎にとっても次郎にとってもゼロであれば、状況は図表 5-10 のようになり、契約曲線は垂直になる。太郎と次郎の効用のバランスを調整する場合には、一般財の配分だけを調整すればよい。逆に言えば、当該財の配分は両者の効用のバランスにかかわらず、あるところに決まってしまうのである。このような場合には、太郎と次郎の効用のバランスという公平性の問題と、パレート最適な当該財の配分という効率性の問題を別々に議論できるのである。

総余剰が均衡の場合に最大になるという前述の議論も、こうした観点から理解することができる。当該財に関する消費者の限界的な評価は需要曲線で表され、生産者の限界的なコストは供給曲線で表されている。もし、前者が後者より高い場合には、より多くの生産が行われることで、パレート改善になる。なぜなら、消費者が限界的な評価より少ない一般財を生産者に渡し、生産者がそれを用いて生産を増やして消費者に渡せば、両者ともに効用が改善するからである。このため、需要曲線と供給曲線の交点がパレート最適に対応するのである。

本章の冒頭で需要曲線を説明した時に所得要因は省略していたが、もし所得効果があるとすると、ある問題を誰に有利に処理するかによって、関係者の効用のバランスが変化し、それが需要曲線を動かす可能性がある。需要を価格だけの関数と考えることは、このような影響を無視していることになる。

ただし、所得効果がプラスであっても、当該財の配分が関係者の効用水準に大きな影響を与えないとすれば、所得効果を通じた影響はほぼ無視してよい。図表5-10で言えば、縦軸方向への変化が少ない場合には、無差別曲線が厳密に平行でなくても分析結果はそれほど変わらない、ということである。換言すれば、マイナーな問題を論じる時には、所得効果の影響は軽微であろうということである。

以上をまとめると、部分均衡分析の暗黙の前提は、所得効果がゼロであるか、あるいは当該問題の処理の仕方が関係者の所得（効用水準）に与える影響が小さく、所得効果は無視ができる、ということである。そして、この暗黙の前提が成り立つ場合でも、効率性の基準から導けるのは当該財の配分だけであって、一般財の配分の仕方を決めるには、公平性の基準が必要である。

現実の様々な環境問題に関して上記の前提が現実的かどうかを考えると、大きな疑問がある。

多くの財やサービスの中で、所得効果の小さいものが存在することは事実である。しかし、環境に関連する財やサービスについては所得効果はプラスである、と考えるのが自然であろう。日々の食糧に不安がある状況の下では環境への関心は低いであろうが、所得水準が向上するにつれて食品や水の安全に気を使い、そうしたものにより多くの支出をいとわなくなるのが普通である（第12章「経済成長・経済発展と環境」で説明する環境クズネッツ仮説を参照)。また、所得水準が高くなれば地価や家賃が高くても、大気や生活環境の良い場所に住みたいと考える人が増えてくるであろう。

こうしたことは「良い」環境の所得効果がプラスであることを示唆してい

る。また、公害問題など、人々の効用に大きな影響を与える環境問題も多い。

それでは、上記の２つの前提のどちらにも当てはまらない場合にはどうしたらよいのであろうか？　この場合、2つの点が重要だと思われる。

第１に、当該財への需要に所得効果がある場合でも、その影響を調整すれば、パレート最適な配分を求めることができる。ただし、当該財の配分を効率性の基準だけで導くことはもはやできない。また、パレート最適な配分が一般的には複数あり、その中からどれを選ぶべきかは、公平性の基準なしには決められないということは、所得効果のない場合と同じである。

第２に、一般財の再配分を行えば、現状に比べてパレート改善を行うことができる可能性がある。その具体的なイメージは補償である。例えば、環境の悪化をもたらすような事業を行う場合に、その事業からもたらされる収益の一部を使って、被害をこうむる人々に十分な補償を行えば、ウィン・ウィンの改善を実現しうるということである。

すなわち、部分均衡分析を土台にして、所得効果に関する調整を行い、補償の可能性も勘案すれば、現状に比べてパレート改善をもたらすという意味での現実的な処方箋が書ける可能性がある。ただし、そのためには、環境の悪化などがどの程度の一般財の減少と同等であるかを評価しておく必要がある。この点については第10章（「環境の経済的価値」）で詳しく議論する。

復 習 問 題

①環境政策の分類の仕方は、決まったものはないが、________と________的手法とがよく対比される。後者には税、________金、________取引などが含まれる。この２つのグループのほかには、________整備や、________的手法などの分類が考えられる。

②特定の財に注目して分析を行う手法を________均衡分析と呼び、________均衡分析と対比される。その場合、特定の財以外のものは一括して________財または________として扱われる。

③一般に、ある財への需要は、その財の________と需要側の________に依存する。後者の効果がプラスである財を正常財と呼び、マイナスである財を

＿＿＿＿と呼ぶ。どちらでもない財については、＿＿＿＿効果がゼロであるという。この場合、当該財を横軸に、一般財を縦軸に取って複数の無差別曲線を描くと、これらは互いに縦軸方向に＿＿＿＿となるので、効用水準が高い場合でも低い場合でも、ある価格の下での需要量は＿＿＿＿になる。

④需要関数が＿＿＿＿だけの関数とみなせる場合には、比較的単純な分析が可能となる。具体的には、

　　Ａ：その財に関する＿＿＿＿効果がゼロか十分に小さい、

または

　　Ｂ：その財に関する取り扱い（規制、補助金など）が関係者の所得または＿＿＿＿水準に与える影響が十分に小さい場合である。

　この場合には、＿＿＿＿性の議論（パレート最適かどうか）は　公平性の議論とは切り離して行うことができる。

⑤④の前提が成り立たない場合には、その財に関する取り扱い（規制、補助金など）に応じて、＿＿＿＿関数が動いてしまい、問題が複雑化するとともに、＿＿＿＿性の議論（パレート最適かどうか）と公平性の議論が切り離して議論できないことに注意が必要である。

⑥④の前提の下で、部分均衡分析では総余剰（社会的余剰）を最大化する解を探す。総余剰とは＿＿＿＿と＿＿＿＿の和であるが、課税や補助金などの議論をする場合には、＿＿＿＿の増減も合わせて考える。

⑦外部不経済や外部経済がない場合には、総余剰が最大になるのは、価格と取引数量が、需要曲線と供給曲線の＿＿＿＿の水準にあって、＿＿＿＿と呼ばれる状態の時である。

⑧その理由は、その数量に達するまでは＿＿＿＿についての消費者の＿＿＿＿が生産に必要な＿＿＿＿を上回るのに対して、その数量を超えると、その関係が＿＿＿＿するからである。

⑨何らかの政策（例えば環境規制や環境税の新設など）を講じることが「望ましい」という場合に、その望ましいとはどういうことだろうか？　経済学の標準的なアプローチはどのようなものであるのか。以下の（a)～(e）を引用しつつ論述せよ（括弧内は解説である）。

(a）消費者や生活者にとって望ましい（企業が汚染の責任を取るのは当然だ

から)。

(b) 社会全体にとって望ましい（全体が良くなれば、内訳は気にしない)。

(c) 誰が得をし、誰が損をするかという問題とは無関係に、望ましい汚染水準がある。

(d) 企業にとっても消費者にとっても望ましい（したがってそういう政策は両方に支持される)。

(e) 主張する人の主観にもっぱら依存するので他の人にとっても望ましいとは限らない（望ましさに関する客観的な基準はない)。

第6章

環　境　税

環境税とは、環境に負荷をかける行動を抑制するために課される税であり、外部不経済を内部化することで、望ましい状況を作り出そうとするものである。

迷惑行為に課税することは比較的昔から行われているが、本章ではその理論的根拠を明確にする。

まず、理想的な環境税はどのようなものであるかを説明するが、意外なことにそれは現実には適用されていない。そこで、なぜそうなっているのかについて解説するとともに、それに近いものとして、どのようなものが提唱され、実施されているかを述べる。そのうえで、具体例を3つ取り上げて、その実施状況について見ていこう。

キーワード

総余剰（社会的余剰）　ピグー税　ボーモル=オーツ税
炭素税　地球温暖化対策のための税　ゴミ袋の有料化
受動喫煙　二重の配当　グリーン化

1　外部不経済への課税

まず、外部不経済（第2章「外部性の経済学」を参照）または外部経済がある場合には、どのような対応策が**総余剰**（**社会的余剰**）を最大化する観点から望ましいかについて考えてみよう。

（1）外部不経済の定式化

外部不経済についてははある水準（図表6-1では数量F_0、閾値）まではないが、それ以上になると逓増的に増加すると想定しよう。このような想定は、以下の議論を多少複雑にするが、現実の環境問題にはそのような場合が多い。

例として、ある有用な化学物質を生産する場合を考えてみよう。生産に伴う有害物質の排出がもたらす外部不経済は、その生産がごくわずかな時にはゼロ（環境の浄化能力の範囲内かもしれないし、問題になるような濃度ではないと想定しよう）であるが、生産数量がF_0トンを超えると無視できなくなる。そして生産量1トン当たりの限界外部不経済は次第に増加していく。すなわち、生産1トン当たりの有害物質排出量は同じであっても、生産量が$2F_0$トンから$3F_0$トンに増える時のほうが、F_0トンから$2F_0$トンに増える時に比べて外部不経済の増え方が大きいと考えていることになる。

（2）市場均衡の問題点

このような外部不経済が存在する時に、なぜそのままでは望ましくないのかを考えてみよう。

まず、公平性の観点から問題であるという議論ができるだろう。「みんなの環境が悪化している」「周りの人たちが迷惑している」という観点である。しかし、この議論では、その化学物質が生産されることのメリットについての配慮がなされていない。この化学物質は、農業生産を飛躍的に増やす肥料の原料になるかもしれないし、難病の治療に役立つ医薬品の生産に不可欠であるかもしれない。そうした場合、メリットを受ける人もいるのであるから、ある人た

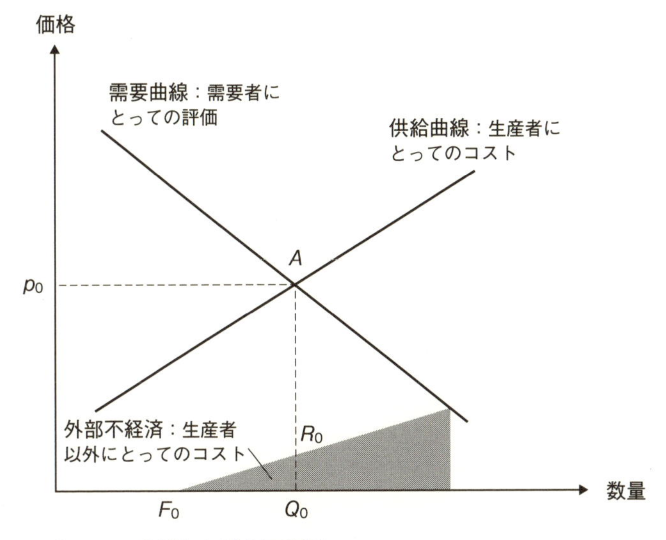

図表 6-1 逓増的な外部不経済

ちにとってデメリットと別の人たちにとってのメリットを比較考量することが必要になる。これは第2章「外部性の経済学」で述べたように、価値観の絡む問題である。

一方、第5章「政策手段と部分均衡分析」で述べたような前提を認めるとすれば、効率性の観点から評価することもできる。本章ではその議論を深めてみよう。この議論の中では、この化学物質が生産されたり、消費されたりすることに伴うメリットも勘案されることになる。

まず、図表6-1を見ながら、なぜそのままでは望ましくないのかを考えてみよう。需要曲線と供給曲線が交わるところに価格が決まり、それに見合った数量 Q_0 で取引が行われている。外部不経済がなければ、この状態（市場均衡）が総余剰を最大化し、パレート最適な状態である。しかし、図の下のほうを見ると、三角形 $F_0Q_0R_0$ だけの外部不経済が生じている。これは社会全体の観点から見るとコストである。

したがって、

総余剰＝消費者余剰＋生産者余剰－外部不経済

という観点から見ると、この状態は作り過ぎである可能性がある。それでは、総余剰を最大化する生産量はどのようにして求めたらよいのであろうか？　この点を考えたのがピグーである。

(3) ピグー税

この問題の答えは、ある意味では簡単である。外部不経済を内部化すればよい、ということである。すなわち、外部不経済がある（生産者以外にとってのコストがある）ことが問題なのだから、それを生産者にとってのコストとして組み込んでしまえば、通常の市場均衡によって総余剰は最大化されることになる。これがピグー税の考え方である。図表6-2のように、生産者にとってのコストを表す供給曲線の上に外部不経済の部分（F_0R_0）を乗せて、これを社会全体にとっての供給曲線とみなして均衡点を求めればよい、ということにな

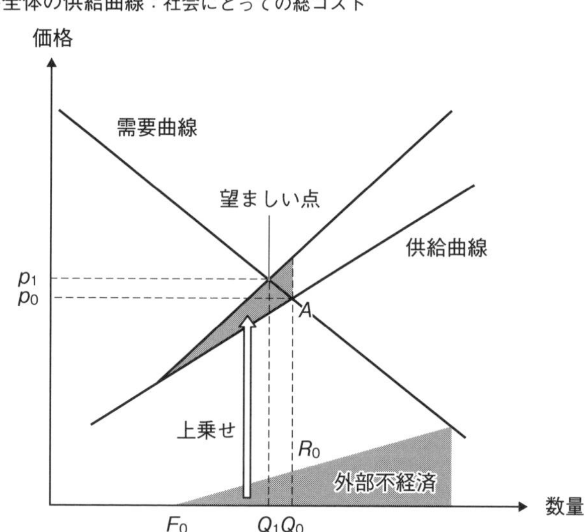

図表6-2　ピグー税による内部化のイメージ

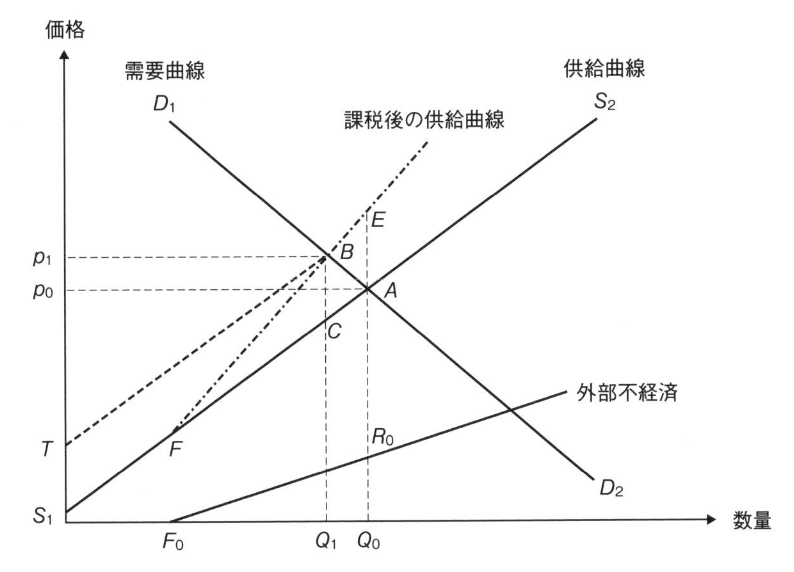

図表 6-3　ピグー税の課税前と課税後

る。そしてこうして求めた望ましい均衡点を実現するには線 F_0R_0 と同じように課税すればよい。

このように、限界的な外部不経済の大きさだけ課税する方式を、提唱者の名前を取って**ピグー税**と呼ぶ。ただし、環境税全般をピグー税と呼ぶこともあるので注意が必要である。

より厳密に、部分均衡分析の考えにしたがって、なぜピグー税が、外部不経済を内部化せずに放置する場合より優れているかを説明しよう。

	課税前		課税後
消費者余剰	D_1AP_0	>	D_1BP_1
生産者余剰	P_0AS_1	>	P_1BT
税　　収	0	<	$TBCS_1$
外部不経済	$-FEA$	<	$-FBC$
合計（総余剰）	D_1AS_1-FEA	<	D_1BCS_1-FBC

すなわち、課税によって総余剰は、EBA だけ大きくなる。

しかし、これを現実に適用しようとすると2つの大きな問題がある。

第1に、限界外部不経済の大きさは当局に把握可能であるのか、という問題がある。図表6-3で言えばF_0R_0の線（一般には曲線）をどのように調べるかという点が問題になる。ここで大切なことは、聞いて回っても必ずしも正確には把握できない、ということである。なぜなら、迷惑をこうむっている人たちは、それが税率の算定根拠になると知れば、迷惑の程度を大げさに申告する可能性があるからである。また、迷惑をこうむっている人たちが一部の地域に集中していたり、特定の体質の人々に限られていたりする可能性もある。そのような場合には、そうした人たちがどこにどの程度いるかについての情報も必要である。

第2は、排出総量に応じて税率を設定することが可能であるのか、という問題である。前述のように限界外部不経済は一定ではなく、排出総量の増加とともに増えていくのが普通である。このために、定率や定額の課税ではなく、非線型の課税（税率を累進的に高くしていく課税）が必要になる。個別企業に非線型の課税をすることは可能であるが、ここで問題となるのは、企業ごとの排出量ではなく排出総量に応じた税率で個別企業に課税する必要があるということである。これは実際には困難である。

なお、比較的低コストで汚染の防止ができる場合には、企業はピグー税を払うよりは汚染防止策を採用することも考えられ、その場合には、上の場合よりさらに総余剰が増える場合もある。このような場合には、有害物質が排出された場合の限界的外部不経済分まで課税をする必要はなく、汚染防除策が講じられる程度に課税しておけば十分である。

こうしたことを理由にして、厳密なピグー税は実施されていない。

(4) ボーモル=オーツ税

ピグー税への現実的近似として実施されているのが、**ボーモル=オーツ税**である。その手順は、以下の2ステップである。

①適当に一定の税率を決めて導入し、汚染の状況を観測する。

②汚染水準が望ましいレベルより多いと考えれば税率を引き上げ、少なければ税率を引き下げる。

この方法でも、以下のような意味での効率性は達成される。各企業は、限界排出削減費用（第7章「排出権取引」を参照）と税率が一致するように調整するので、前者が大きければ、高い費用をかけて排出を削減するより税金を支払うことを選択する。一方、後者が大きければ、税金を支払うよりは排出を削減することを選択する。こうして、限界削減費用の安い企業から排出の削減が進むことになる。換言すれば、社会の中で排出削減の容易な企業からその削減が進むことになる。規制という手段でこれを実現しようとする場合には、企業ごとの限界削減費用に関する情報が必要になるが、これは前述のように実際には集めにくい情報である。

一方、ボーモル=オーツ税の欠点としては、
③望ましい（許容される）汚染水準をどのように決めるのか？
④税率の試行錯誤に伴う混乱が引き起こされるかもしれない
などの点が考えられる。

こうした欠点はあるものの現実の環境税はこのボーモル=オーツ税のようなタイプのものが多い。以下、実例をいくつか見てみよう。

2　実際の環境税

典型的な環境税には炭素税があるが、ほかにも、ゴミ袋の有料化、タバコ税などが例としてあげられる。

（1）炭素税

炭素税は典型的な環境税である。地球温暖化を防止するために、温室効果ガス、特に二酸化炭素（CO_2）排出量に応じて課税するのが基本的な発想である。化石燃料の場合には、その化学的組成から燃焼時の二酸化炭素発生量を容易に算出することができる。

①炭素税をめぐる海外での動向

炭素税は、1990年に世界で最初にフィンランドで導入され、他の北欧諸国やオランダが続いた。その後、ドイツ、イタリア、イギリス、フランス、さらにカナダの一部でも導入された。国によって税率の差が相当あり、その格差はガソリンよりも、軽油、石炭、天然ガスで大きい。

なお、オーストラリアは発電の大部分を石炭火力に依存しており、1人当たりの二酸化炭素排出量が世界で最も多い国の1つであるが、難産の末に、炭素税を2012年7月に導入した。しかし光熱費などが上昇したことから、炭素税廃

コラム 1 ▶地球温暖化対策のための税

地球温暖化を抑制するために、日本は低炭素社会の実現に向けて、2050年までに80%の温室効果ガスの排出削減を目指している。そのための取り組みの1つとして、2012年10月から「**地球温暖化対策のための税**」が段階的に導入され、2016年4月から完全実施されている。石油・天然ガス・石炭といったすべての化石燃料の利用に対し、環境負荷（CO_2排出量）に応じて広く公平に負担を求める内容になっている。

完全実施後の税率はCO_2排出1トン当たり289円で、石油1キロリットル当たり760円、石炭1トン当たり670円、天然ガス1トン当たり780円となっている。徴税は既存の石油石炭税に上乗せする形で行われている。これはガソリン1リットル当たり0.76円、灯油1リットル当たり0.76円、電気1 kWh当たり0.11円などに相当し、平均的な1世帯当たりの負担額にすると月額100円程度と見積もられている。

この新税を加えても、日本の化石燃料についての税負担は、アメリカよりは高いものの、欧州諸国よりは低い。

税収（2016年度以降では2,623億円）は省エネルギー対策、再生可能エネルギー普及、化石燃料のクリーン化・効率化に充てられることになっている。

この新税が日本の二酸化炭素排出（CO_2排出量）をどれだけ削減するのかについてのみずほ総合研究所の試算によれば、税負担自体による効果が0.2%、税収が上記のような諸施策に用いられることによる削減効果が0.4%～2.1%、両者を合わせて0.5%～2.2%（四捨五入のため2つの数値の合計とは一致しない）となっている。

止を公約に掲げた自由党が政権に就き、先進国で初めて炭素税が廃止された。

②日本における炭素税の導入

日本では「地球温暖化対策のための税」の2011年度からの導入が2010年12月に閣議決定されたが、与野党の対立や東日本大震災の混乱もあり、成立が遅れていた。しかし、2012年10月から段階的に導入された。ただし、税率は低い(詳細はコラム「地球温暖化対策のための税」を参照)。

(2) ゴミ袋の有料化

ゴミは産業廃棄物と一般廃棄物に区分されるが、後者の代表的なものが家庭から排出されるゴミであり、市町村が処理にあたっている。粗大ゴミの収集に関しては有料化が広く普及しているが、可燃ゴミ用の袋を有料化する自治体も増えてきている。その目的には、ゴミ減量、住民負担の公平化、住民の意識向上などがあげられている。ゴミ袋の価格は、袋自体のコストよりは高く設定されているので、ゴミ排出に対する課税であると考えることができる。ただし、ゴミ処理費用に比べれば低額の水準にとどまっている。

山谷修作東洋大学教授は**ゴミ袋の有料化**に関する調査を毎年行っているが、それによれば、家庭可燃ゴミ用袋を有料化する自治体は増えており、2016年7月には全国の市区町村の6割強が有料化（従量制の手数料徴収）を実施している。しかし大都市では有料化をしていないところも多いので、人口比で見るとカバーされているのは約4割となっている。ゴミ袋の価格は、大袋（30リットル～50リットル）で40円台が最も多く、次いで多いのが30円台となっているが、80円を超えているところもある。ゴミ削減に及ぼす効果はゴミ袋の価格が高くなるにつれて大きくなるが、大袋1枚40円台の場合の処分ごみ（＝可燃ごみ＋不燃ごみ＋粗大ごみ）の削減効果は2割弱との調査結果になっている。

(3) タバコ税

タバコの喫煙に伴う外部不経済としては、**受動喫煙**（周囲の人が煙を吸わされること。特に副流煙は不完全燃焼のために、主流煙より毒性が高い)、健康保険（喫煙の影響で病気になった人の治療費の一部を、タバコを吸わない人が、健康保険の保険料を通じて負担させられていること)、灰皿の整備やポイ捨てなどの問題が重要であろう。

日本のタバコ税は2010年10月に大幅に増税された。日本たばこ産業（JT）によれば、タバコの税負担率は国税・地方税を合わせて6割強であり、酒類やガソリンよりも高くなっている。タバコに関する税収は国税収等の2.7%および地方税収の3.4%を占めている。しかし、国際的に見ればなお低い水準であり、欧州諸国では税負担率が7割台のところが多く、8割を超えるところもある。喫煙の社会的コストに関する研究は日本でもいくつかあるが、その推計値の多くがタバコ税の税収を上回っている。

3　二重の配当

環境税の税収を使えば、何かをすることができる。例えば社会保障関連の支出に充てるとか、環境関係の補助金に充てるとか、所得税の負担を軽くするとかすることができる。そうした使途に充てれば、それなりの効果をもたらすと期待できるので、環境税は、環境保全に役立つだけでなく、税収の使い途を通じても社会に貢献するという発想から、「**二重の配当**」という言葉が用いられることがある。

しかし、環境税により総余剰（社会的余剰）が増やせるとの議論の中では、税収は社会的余剰の構成要素としてカウントされているので、この議論は「2度売り」の色彩もある。ただし、環境税の税収を環境改善のための補助金に用いるならば、環境への効果はさらに高まるので、その場合には環境という分野に関しては二重のメリットがあると言いうるであろう。

なお、税収のより多くの割合を環境税に頼ることや税体系を環境の観点から見直していくことを、税制や税収の**グリーン化**と呼ぶこともある。この言葉は広義には環境減税（例えば、省エネルギー・公害防止用設備の償却に関する減税、緑地保全地域内の土地の評価、生産緑地の農地の課税軽減など）を含む。

復習問題

①外部不経済が存在する場合には、それを＿＿＿＿させるような措置を講じ、＿＿＿＿費用と＿＿＿＿費用が一致するようにすれば、効率的な資源配分が達成される。

②課税により効率的な資源配分を達成するためには、税率を＿＿＿＿な外部不経済と同じになるように設定すればよい。このような税は提唱者の名前に因んで＿＿＿＿と呼ばれるが、これを厳密に実施することは現実には簡単ではない。そこで、効果を想定しつつ税率を設定し、必要に応じて税率を変更するような手法が取られている。

③税の設定によっては、＿＿＿＿技術が採用されて、結果的に汚染排出がなくなり税金が支払われない場合もある。

④温室効果ガスの排出を抑制するための課税である＿＿＿＿は1990年に＿＿＿＿が最初に導入し、他の北欧諸国が続いた。その後には欧州主要国も導入した。１人当たり排出量の多い＿＿＿＿は一度は導入したがその後廃止した。日本は、2012年の10月から段階的に導入した。しかし欧州諸国に比べてその税率は＿＿＿＿く、2016年の完全導入後の負担は平均的な家庭１月当たり＿＿＿＿円強である。

⑤ゴミ袋有料化も環境課税の一種と言える。燃えるゴミに関して、＿＿＿＿割強の自治体がこれを導入しており、大袋一枚40円台の場合には＿＿＿＿割弱のゴミ削減効果が報告されている。

⑥喫煙は＿＿＿＿と＿＿＿＿の負担増などの経路をとおして外部不経済をもたらす。タバコにかかる間接税は2010年10月に引き上げられ、税負担率は＿＿＿＿割強になっている。

⑦環境税の税収を環境改善のために用いることによって＿＿＿＿の配当が得られると言う場合もある。税収のより多くの割合を環境税に頼ることや既存税の内容を環境の観点から見直していくことを、税制や税収の＿＿＿＿化と呼ぶ。

第7章

排出権取引

排出権取引とは、汚染物質や二酸化炭素（CO_2）などの環境の負担になる物質を排出する権利を金銭で取引することである。見方によっては「お金を払えば環境を汚してもよい」とも解釈できる仕組みであるが、これが経済的手法として、課税や補助金と並んで実施されるのはなぜなのかを本章では見ていこう。

温室効果ガスに関する排出権取引は国際的に導入され、国や地方自治体でも導入するところが増えているが、その歩みは必ずしも順調とは言えない。理論的な根拠と弱点を見たうえで、現実への適用状況とその課題について考えてみよう。

キーワード

排出権取引　限界排出削減費用　コースの定理　効率性
排出権価格　CER　EUA　規制　ポリシー・ミックス

1　排出権取引の考え方

（1）限界排出削減費用

今ある工場で、年間1トン（=1,000キログラム）の汚染物質を排出しているとしよう。そしてこれを減らしていくことを考えてみよう。まず、排出口にフィルターなどの簡単な装置を取り付ければ、多少効果があるとしよう。汚染物質の排出をもっと減らそうとすれば、触媒などを使った防除装置が必要になる。さらに削減しようとすれば、製造工程を改善して、汚染の原因物質の使用量を減らすことなどを考える必要があるかもしれない。排出を大胆に減らそうとすれば、原料を別のものに変更する必要が出てくるかもしれない。

このように、汚染物質の排出を少しだけ削減するのであれば比較的費用をかけずにできるが、その削減量を増やしていくと次第にコストがかかるようになる。この関係を表したのが図表7-1であり、横軸には汚染物質の排出量、縦軸には1単位（例えば1キログラム）削減するために必要となる金額（限界削減費用）を取って描かれている。**限界排出削減費用**は上述の理由から普通は右下がり（汚染物質の排出量を減らしてくほど1単位当たりの削減費用が大きくなってくる）になるが、企業によって様々なグラフになる。企業によって技術水準や設備の新鋭度が違ったり、作っている製品の種類や組み合わせが異なっていたりするからである。図表7-1では2つの企業についてのグラフを例示的に示してある。同じ排出量で比較すると、企業Aのほうが企業Bよりも限界削減費用が安い。

ここで、説明の簡略化ために、この汚染物質を排出しているのが企業Aと企業Bの2社だけであったとしよう。3社以上でも説明の本質は変わらないが、図でわかりやすく説明するための想定である。そして図表7-1の2本のグラフの中から、企業Aのグラフを縦軸を中心に左側に裏返すと図表7-2のようなグラフになる。

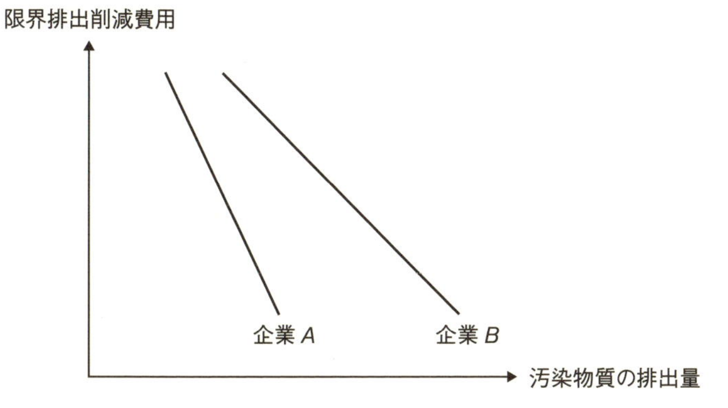

図表 7-1　限界排出削減費用

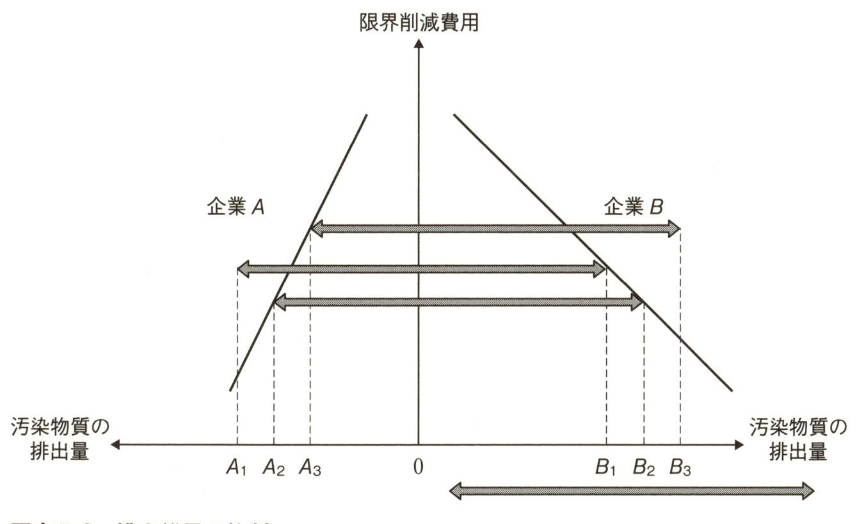

図表 7-2　排出総量の抑制

(2) 効率的な排出抑制

もしあなたが、この2社が立地する国の環境大臣で、総排出量を図表7-2の右下に置いてある太い矢印の幅におさめたいと考えたとしよう。この長さをA社とB社に割り当てる必要があるが、いろいろな組み合わせが考えられる。1つは2社に同じ量を割り当てる方式であり、企業AにA_1、企業Bに

$B_1=A_1$を割り当てることである。しかし、企業Aのほうが限界削減費用は安いという情報をあなたが持っていれば、企業Aは排出量をもっと少なくできると考え、A_3とB_3の割り当てを選ぶかもしれない。

このように様々な割り当てるパターンが考えられるが、社会的に見て望ましいのはどれであろうか？　それは両社の限界削減費用が等しくなるような配分、すなわちA_2とB_2の組み合わせである。

なぜなら、例えばA_1とB_1の組み合わせでは、B社はかなりの費用をかけて汚染物質の排出量をB_1まで削減しなければならないが、A社はより簡単にA_1を実現できるので、社会の中で削減が容易なところを残したまま、難しいところで削減しているという状態になっているからである。A_3とB_3の組み合わせでは逆のことが起き、A社で最後の1キロの削減に使っている費用をB社に回せば1キロ以上の削減ができることになる。

ではこうした組み合わせを、どうやって実現したらよいであろうか？

①申告と規制

1つの方法は、両社に図表7-1のような限界排出削減費用の情報の申告を求めて、図表7-2のような発想で割当量を決めることである。しかしこの方法には以下のような問題点がある。第1に、両社は限界排出削減費用曲線を正しく申告するであろうか？　汚染物質の排出量の削減が困難だと申告をすれば、すなわち図表7-1のグラフで言えば、実態よりも上方にずらして申告をすれば、多めの排出量が割り当てられることになる。そのことを知っていれば、申告にはこうしたバイアスがかかると考えられる。

第2に、限界排出削減費用曲線は技術進歩や、製品の仕様の変更などにより変化していく。これを定期的に見直す必要も生じてくる。

第3に、一度排出量を割り当てをしてしまうと、企業はその量いっぱいまで排出をする可能性が高い。排出量の削減にはコストがかかるからである。換言すれば、超過達成のインセンティブ（誘因）がないということである。

②排出権取引

これに対して、排出権市場を作り、両者の間での取引を自由に認めたらどのようなことが起こるであろうか？　この取引市場が機能するためには、各社の汚染物質の排出上限に関して、最初に何らかの割り当てをしておく必要がある。それが仮に A_1 と B_1 の組み合わせであっても、排出量の削減が困難な（限界排出削減費用がより高い）企業は排出量の削減が容易な企業から排出権を購入すると考えられる。なぜなら、自社で排出量を削減するよりも、排出権を他社から購入するほうが安上がりであるからである。一方で限界排出削減費用が安いほうの企業にとっては、その限界排出削減費用より多少とも高い価格で排出権が売れるのであれば、排出権を売却する一方で、その売却代金より少ないお金で自社の排出量をその分だけ削減することができるので、この組み合わせで利益が生み出せることになる。こうした取引は両社にとってメリットがあるので実現される。このプロセスはパレート改善である。

ただし厳密に言えば、会社の数が少ない場合には、ウィン・ウィンの取引であっても、それが必ず実現するとは限らない。取引価格をめぐって「相手企業はもっと安い価格（高い価格）でもかなりのメリットはあるはずだ。わが社もこれで利益がないわけではないが、もう少し安い価格（高い価格）を求めて交渉しても、相手企業は最後は取引に応じるのではないか」といった思惑によって交渉が難航し、決裂する事態もありうるのである。しかし、参加者が十分に多くなれば「貴社だけが売り手（買い手）ではないので、この価格でダメだということなら、他社をあたります」とか「あまり欲をかくと、このチャンスを他社にもっていかれてしまうのではないか」という状況になるので、ウィン・ウィンの取引が実現されていくことになる。本章では便宜上は2社のケースで説明したが、**排出権取引**には多くの会社が参加し、ウィン・ウィンの状況が実現することを想定している。

このようなプロセスを経て、排出を削減しやすい企業から削減が進むと、A_2 と B_2 の組み合わせによる効率的な排出量の割り当てが自動的に実現される。この方式であれば、限界排出削減費用曲線を申告してもらう必要もないし、両社の曲線が時間とともに変化しても問題はない。仮に何らかの理由で、限界排出削減費用の高いほうの会社で排出量の削減が容易になったが、政府はそのことを知らない場合を考えてみよう。①の「申告と規制」のシステムの中では、排出量の削減にはコストがかかるので、その会社は規制上限いっぱいの排出を続けるであろう。これに対して、②の排出権取引の下では、排出量の削減が容易になれば、排出枠の購入量が減ってこの会社の排出が削減される。この意味で、超過達成のインセンティブがあると言える。ただし、排出量の配分枠の総量を変えないかぎり、もう一方の企業での排出量が増えるので、排出の総量は削減されない。

③当初排出枠の割り当て問題

しかし、大きな問題がある。それは汚染物質の排出枠をあらかじめ両社に割り当てておく必要があるということである。これは両社の利害に直結する大問題である。どのように排出量を割り当てるのかについては、以下のように様々な考え方が検討されている。

第1は、過去の排出実績などによって無償で排出量を割り当てる方式であり、グランドファザリングと言われる。この方式のメリットは排出権取引への移行が容易であり、産業界からの抵抗も少ないことである。一方でこの方式の問題点は、割り当て量の決定前に自主的に努力して排出量を抑制していた企業があっても、その努力が報われないということや、これから事業を大きく拡張しようとしている企業に対しての制約になり、企業間の自由な競争や新陳代謝を阻害する恐れがあることである。

第2は、何らかの標準的な排出原単位を決めて、それに生産量を乗じて排出権を割り当てる方式であり、ベンチマークと言われるものである。この方式のメリットは公平性であり、効率の悪い企業にはより多くの改善を要求する仕組みになっていることである。しかしこうしたベンチマークが機能するためには、業態が単純で、生産される財やサービスが標準的であり、立地など諸条件の影響も少ないという条件が必要である。

第3の方式は、オークション（入札）での売却である。すなわち、過去の実績にはとらわれず、企業が排出枠を競り落とす方式である。この方式のメリットは競争メカニズムを活用できることであり、既存企業にも新規企業にも公平な取り扱いができる。しかし、今までは無料で汚染物質を排出していた企業にとっては、ある時期から突然、相当な金額を支払って排出枠を買う必要が出てくることに対しては強い抵抗感があるであろう。例えば二酸化炭素の排出権に関しては、鉄鋼業などが大量の排出をしてきたので、今までと同程度の排出を行う権利を購入することにするとすれば膨大な負担となりかねない。したがって何らかの形で過去の実績を、いわば既得権として考慮していく必要があろう。ただし、第1のグランドファザリング方式にはすでに説明したとおり短所もある。

このように、どの方式を取っても一長一短がある。そこで実際には、後述するように業界の特性などを見ながら様々な組み合わせが試みられている。

なお、いずれの方式を採用するにしても、共通の問題としてモニタリングが必要である。現実の排出量を正しくかつ信頼性のある形で測定できなければ、取引の根拠がなくなってしまうからである。この点も大きな制約条件になりうる。二酸化炭素の排出のように、利用したエネルギー源からその発生量を算出することができる場合には比較的容易にモニタリングができる。しかし、生物多様性のようなケースでは、単一の指標で計測することは困難であるし、仮にそこを割り切って何らかの指標に準拠するとしても、その指標の変化が人為的な要因によるものなのか、あるいは様々な自然界の要因によるものなのかを区別することは容易ではない。

2　コースの定理

ここまでの議論から、「環境利用権（排出権）の所有（割り当て）を決めてやれば、当事者間の調整や取引により、効率的な（パレート最適な）配分が達成される」ということがわかる。これが**コースの定理**である。この定理は、汚染物質の排出だけでなく、騒音、振動、資源の採掘などの幅広い環境問題を念頭に置いたものである。以下のような両極端のケースを考えてみよう。

ケースⅠ　住民にきれいな環境を享受する権利がある場合：企業はお金を支払って排出権を得る。

ケースⅡ　企業が排出権を持っている場合：住民が企業にお金を支払って、企業の排出を抑制してもらう。

どちらのケースの場合も、住民にとっての限界利益と企業にとっての限界排出削減費用が一致する排出量が実現される。コースの定理に関しては３つのことが重要である。

第１に、これは**効率性**についてのみの議論であることである。当然のことながら、住民と企業のどちらに環境利用権を与えるかによって、上記の例でも住民の効用水準や企業の利益水準は大きく異なったものになる。

第２に、「きれいな環境への需要」に関する所得効果を無視するならば、排出量はⅠとⅡの２つのケースで同じになるが、もし所得効果が正であればそうはならないことである。上記の例で「きれいな環境」が正常財であれば、環境利用権を持っていない住民は、それを持っている場合に比べて効用水準が低いので、「きれいな環境への需要」は小さくなってしまう。その結果、企業との交渉において、「きれいな環境」への評価が小さめになり、環境利用権を持っている場合に比べれば、より悪い環境に甘んじる結果となる。

第３に、前述のように当事者が少ない場合には、必ずしもパレート最適な結果が実現するとは限らないということである。交渉のプロセスでお互いが突っ張って、ウィン・ウィンの決着の余地があるにもかかわらず決裂してしまうこともある。

3　排出権取引の実際

（1）排出権取引についての２つの方式

排出権取引の基本形は上述のように、排出枠を割り当ててから、取引をさせる方式であり、これをキャップ・アンド・トレードと呼ぶ。それに加えて、ベースライン・アンド・クレジットという方式もある。これは何らかの基準（ベースライン）を定めて、そこを超えて達成された分を、自分の削減義務から差し引いたり、売却したりできる方式である。例えば、先進国が開発途上国などを舞台に削減プロジェクトを設定して、それで実現した削減量を自国での削減分として認証してもらう方式（いわゆるクリーン開発メカニズム＝通称CDM）である。この場合には、その分だけ自国の排出量を増やしたり、他の先進国に排出権を売却したりするので、先進国全体の排出量は増えることになってしまう。

(2) 世界における排出権取引

地球温暖化問題への国際的な取り組みについては第13章「地球温暖化問題と日本の選択」で詳しく述べるが、そこでは温室効果ガスに関する排出権取引が１つの重要な手段として位置づけられている。具体的には、京都議定書で定めた京都メカニズムの中で、参加国は排出抑制目標（排出上限量）を設定するが、それを自国の排出削減だけでは達成できない場合には、他国から排出権を購入することが認められている。またEUでは京都議定書による具体的取り組みより早く、2005年から排出権取引を実施しており、世界全体の排出権取引の多くを欧州が占めている。

アメリカは、京都議定書では削減義務を負っていないが、州レベルで排出権取引を実施している。連邦レベルではオバマ大統領が導入方針を表明したり法案が議会で審議されたりしたこともあったが、議会における党派対立もあって2016年現在、東部の一部の州での大規模な発電施設を対象とした実施にとどまっている。

ニュージーランドでも国内取引市場が2010年から本格化した。韓国でも2015年から制度が開始された。中国も2020年までに全国レベルの制度を導入することを目指しており、2013年にはいくつかの大都市でパイロット事業による取引が開始された。

一方、オーストラリアでは一度排出権取引制度が導入されたが、2013年11月の政権交代により、制度が廃止され、その後、排出削減事業に対する補助金が導入されている。

（3）日本における排出権取引

①国レベルの排出権取引

日本では、環境省が音頭を取って、2005年度から自主参加型の国内排出量取引制度（略称：JVETS）を試験的に運用してきた。これは、排出量を削減する参加者に補助金を出し、参加者は自分で目標を設定する方式である。

2011年４月から2012年11月末までを取引期間とする第６期の実績を見ると、参加事業者数は58、取引件数は46件、取引量の合計は３万0,481t-CO_2、平均取引単価は610円/t-CO_2 となっている。日本の二酸化炭素排出量の総量が約12億 t-CO_2（2011年度）であることに比較するとごくわずかである。その次の第７期（2013年11月まで）の実績は、参加事業者数は29、取引件数は24件で、取引量の合計は12万9,689t-CO_2 に増えたものの、平均取引単価は216円/t-CO_2 程度に低下している。ここで t-CO_2 とは、二酸化炭素１トンということである。二酸化炭素44グラムの中に炭素は12グラム含まれているので、同じ量の二酸化炭素を CO_2 トンで表示すると炭素トンで表示した場合の3.67倍になる。また、メタンなど、二酸化炭素以外の温室効果ガスに関して、温室効果の観点から二酸化炭素換算で表示される場合もある。

環境省は、2010年末に日本の排出権取引制度本格運用の方向性（中間整理）を発表した。そのポイントは、以下のようなものであった。

(A) 枠の設定は、望ましい原単位を用いる（ベンチマーク）方式と、過去の排出実績に削減率を掛けて算出する方式とを組み合わせることとし、オークションはしない。

(B) 電力については利用者の排出とみなす間接方式を採用する一方で、電力会社に原単位に関する削減規制を課す。

(C) バンキング（繰越）やボロウィング（前借）を認める。

(D) 外部クレジット（上述の CDM などによるもの）の利用を認める。

こうした準備がなされてきたものの、本格的な制度の導入は国会の議決を得られず、JVETS は第７期をもって終了した。その後もこの流れは、「先進対策の効率的実施による CO_2 排出量大幅削減事業設備補助事業（略称：ASSET)」に引き継がれてはいるが、これも自主参加型であり、2016年秋現在、本格的な排出権取引市場の創設は見込みにくい状況にある。

▶排出権価格の推移

二酸化炭素排出権の国際的な取引価格に関しては、**CER**（Certified Emission Reductions、京都議定書の枠）と**EUA**（EU Allowance、EU で与えられた枠）の2つが重要である。

CER の取引価格で見ると最高値を付けた2008年7月には21.9ユーロ（約3,688円)/t-CO_2 であったが、その後大幅に値下がりし、福島原発事故後には少し上昇したが、再び下落した。2012年秋には暴落し、1ユーロを下回った。

EUA は2008年には30ユーロ近くまで上昇したが、2013年以降は CER よりは高いものの、4～8ユーロの水準に下がっている。

排出権価格が大幅に値下がりした理由としては、

(A) 欧州の景気後退の長期化
(B) 第13章で説明するように、日本、カナダ、ロシアの3カ国が京都議定書の第2約束期間に参加しなくなったこと
(C) CDM プロジェクトの増加によって、排出抑制の目標の達成が従来に比べ容易になったこと

が指摘されている。

一方、中国の大都市で2013年に開始されたパイロット事業では、数十元/t-CO_2 の価格が付いており、地域によっては市場為替レート換算では EUA より高くなっている。

なお、東京都の制度に関して、都は標準的な取引の価格を推定して公表しているが、上記のような国際的な価格より高いものになっている。

こうした価格の差は、市場が分断されており、クレジットの流用ができないために起きていると考えられる。地球規模での効率性を実現するためには、各地域の排出権取引が連携していくことが望まれる。2007年には国際炭素行動パートナーシップ（ICAP）が創設され、各国各地域の制度を国際的にリンクさせるための検討が行われている。

②自治体レベルの排出権取引

このように国レベルの取り組みが遅れる中で、一部の自治体では取り組みが先行している。

東京都は、キャップ・アンド・トレードを2010年度から実施している。燃料・熱・電気の使用量が多い企業（都の業務・産業部門の排出の4割をカバー）に対して、企業が選択した基準年（2002年度から07年度の中の連続する3カ年度）の実績に決められた削減率を乗じて排出枠を設定する方式を取っている。都内の中小企業の省エネルギー対策による削減などをクレジットとして利用できることにしており、中小企業の努力に対するインセンティブも含む内容になっている。この制度の導入後の削減率は2012年度で対象事業所平均で基準年度比23％となっており、かなりの成果をあげていると見られる。

埼玉県も2011年度から類似の制度を立ち上げ、東京都の制度の下での超過削減量をクレジットとして利用できるようにするなど、東京都との連携を深めている。

4　環境に対する規制

前章では環境税、本章では排出権取引について見てきた。この2つは補助金と並んで、経済的手法の代表的なものである。これらと環境に対する規制との比較をする前に、規制とはどのようなものかについて、例を見ておこう。

(1) 水質規制

どのような物質を下水に含めてよいかについては、下水排除基準として詳細に定められている。例えば東京23区については、数十の物質や指標について許容濃度などが定められている。 設置に届け出が必要な特定施設がこれに違反すると下水道法により罰則が課される可能性がある。それ以外の施設については、いきなり罰則が課されることはないものの、改善命令が出されたり、公共下水道の使用の一時停止命令が出されたりする。

(2) 騒音規制

定められた種類の工場などの特定施設のほかに、杭打ちなどの特定建設作業も規制対象になっている。地域によって、騒音の上限や作業時間が異なる。違反した場合には、「勧告→命令→罰金」の手順が踏まれることになっている。自動車騒音についても地域に応じて定められている限度を超えると、市町村長が公安委員会に交通規制などの措置を要請できる。

(3) 自動車やトラックの排出ガス規制

単体規制とは新車登録時にのみ適用される規制であり、狭義の排出ガス規制である。これを満たしていないと新車登録ができず、一般道路を走行できない。

車種規制とは、すでに使用されている自動車の車検時に関する規制であり、旧型のディーゼル車などがこれを満たしていないと、走行が認められなくなる。特定地域のみに適用されている規制である。

運航規制とは、基準を満たさない自動車の運行が禁止されるものであり、東京都などが実施している。規制に違反すると罰金が科せられる。ただし、除去装置を付ければ規制対象から外れることができる。

5　規制か、経済的手法か？

経済的手法と規制的手法の得失をまとめると以下の図表7-3のように整理できよう。

それぞれの手法に一長一短がある。また第5章「政策手段と部分均衡分析」でいくつか例を見たように、こうした手法以外にも情報的手法などの様々な方法も考えられる。したがって問題の特性に応じて、組み合わせ（**ポリシー・ミックス**）も含めて、選択をしていくことが重要である。

	メリット	課　題
規　制	効果が比較的確実	効率性で劣る。超過達成の誘因（インセンティブ）が弱い
税	効率的（削減費用の安いところから）	効果が不確実。地域的集中に対応困難
排出権取引	効率的、総量が管理できる	枠の割り当ての公平性

図表7-3　経済的手法と規制的手法

復習問題

①コースの定理は、排出などの権利の＿＿＿＿が確定されていれば、外部性の問題は解決しうると主張するものであるが、この議論は効率性と公平性のうちで＿＿＿＿に関するものであって、＿＿＿＿に関する問題が解決できることを主張している訳ではない。

②＿＿＿＿を割り当てたうえで、その取引を認めることで、取引参加者間の＿＿＿＿費用が一致し、この意味で＿＿＿＿的な状況がもたらされる。そのためには政府が各企業の限界排出削減費用曲線を（知っていることが前提である、大まかに知っていればよい、知らなくてもかまわない）。

③しかし、排出権をどのように割り当てるかという大きな問題が残る。実績を勘案して無償で割り当てる＿＿＿＿方式、排出原単位を重視する＿＿＿＿方式、既得権を認めず競争メカニズムを重視する＿＿＿＿方式などがある。

④排出権取引の方式には、排出権を割り当てて取引を行う＿＿＿＿方式のほかに開発途上国などでの削減に貢献した量を認証してもらう＿＿＿＿&＿＿＿＿方式がある。

⑤温室効果ガスの排出権取引はEUでは（2000、2005、2010）年から実施されている。

⑥温室効果ガスの排出権の取引価格は、福島の原発事故後に少し上がったが、その後（横ばい傾向で推移している、さらに上昇した、大きく下落した）。

⑦日本では＿＿＿＿型の取引制度が試験的に運用されてきたが、本格運用に向けて2010年末に環境省が示した方向性は、排出枠の配分に＿＿＿＿方式は用いないこと、電力に関しては＿＿＿＿方式と電力会社に対する原単位

の＿＿＿＿を組み合わせること、バンキング（繰越）・＿＿＿＿・外部クレジットの利用を認めること、などの内容になっている。

⑧日本の都道府県では、＿＿＿＿に続き＿＿＿＿県が排出権取引制度を導入した。

⑨経済的手法は規制に比べて＿＿＿＿性に優れる。規制はその＿＿＿＿が比較的確実であるという点で優れているが、＿＿＿＿の誘因（インセンティブ）が弱い。現実にはこのような得失を考慮しつつ、＿＿＿＿が採用されている。

第8章

社会的意思決定

環境やエネルギーに関する市場の自由な活動は、必ずしも望ましい状況をもたらさないことを第1章から第4章までで見てきた。また、第5章から第7章では、そうした状況を改善するための様々な政策について考えてきた。

しかし、これらの諸政策は実際に導入されなければ、効果を持ちえない。また、必ずしも適切ではない政策が導入されることもある。そこで、どのようなプロセスで政策が決定されるべきかということが重要な問題となる。

本章では、環境とエネルギーの問題を念頭に置きながら、政策決定プロセスについて、事例を見ながら考えてみよう。

キーワード

社会的選択　アローの不可能性定理　政府の失敗　代議制
族議員　専門家　審議会　第3の道
ソーシャル・キャピタル　市民　コミュニティ　ELSI
熟議　討論型世論調査

1　直接民主制の問題

複雑化する現在社会の中で、政治は様々な案件を処理する必要があるが、案件ごとに有権者が直接投票を行うのが直接民主制である。これを実行するためには、かつては日時を決めて集まったり、膨大な人数の意思表示を集計するなどかなりの行政コストがかかったが、情報通信技術の発達で、その面での制約は緩和されてきた。しかし２つの大きな問題が残されている。

第１は専門知識の問題である。すべての国民が、各案件について、興味を持っているとは限らないし、十分な専門知識を持っているとは限らない。環境やエネルギーに関する問題は、生態系や技術などについての自然科学的な問題が絡んでいることが多い。しかし一般の国民は、こうした知識を身に付ける時間を取りにくいのが実情であろう。

第２は、国民の意思を集約する方法として、投票のようなプロセスには限界があることである。第１章「環境とエネルギーの経済学では何を学び、何を問題にするのか」で概略を紹介した**社会的選択**に関する不可能性定理に関する問題である。この問題をまず、詳しく見てみよう。

2　不可能性定理

不可能性定理とは、何かが不可能であることを理論的に証明したものであるが、ここで取り上げるのは、常識的と考えられるいくつかの条件の下では、ある集団の構成員それぞれの選好をもとに集団全体の選好を導くような手続きは存在しない、というものである。

集団とは３人以上からなるグループのことであり、選好を考える対象は何でもかまわない。職場の仲間４人が昼食のためにどのお店に一緒に行くかを選択する場合、次の週末に何をするかを家族で相談して決める場合、ある環境問題への対策を議会で議論して決める場合、などを想定していただきたい。構成員の選好が合理的なものであっても（詳しくは第1章2（2）「社会的選択」を参照）、それらをもとに集団の選好をうまく導くようなアルゴリズムは存在しないということが証明されている（**アローの不可能性定理**）。アルゴリズムとは、自動的な計算手続きのことである。例えば構成員が4人で5つの選択肢がある場合には、下記のような構成員ごとの選好順を入力するものである。

太郎：$C>D>E>A>B$

二郎：$A>E>D>B>C$

花子：$E>D>A>C>B$

良子：$C>A>D>B>E$

こうした情報（だけ）に基づいて集団の選好順位を例えば、

集団：$C>A>E>D>B$

といったように導く手順は存在しないというものである。

アローは、以下の4条件を満たすようなアルゴリズムがあるかどうか、という問題を考えた。

①どのような選好順位が与えられても、答えが出ること。

これは、構成員の選好のバラつきが大きいなど、難しい組み合わせには答えがないというものでは困るということである。

②特定の構成員の選好をそのまま集団の選好とする方式ではないこと（非独裁性）。

上記の例では、集団の選好を常に花子の選好に合わせるというようなルールは単純すぎ、集団の選好を議論していることにならないので、除外して考えるということである。

③すべての構成員が A を B より望ましいと考えていれば、集団の選好も A が B より優先されること（全員一致の尊重、パレート性と呼ばれることもある）。

④集団の選好で2つの選択肢のどちらが望ましいかは、他の選択肢の有無に依存しないこと。

上記の例では、例えば E と D のどちらが集団にとって「より望ましい」ことになるかについては、その2つとは異なる選択肢（例えばA）が選択肢に含まれているかどうかには無関係に決まる、というものである。

このうち条件④が少しわかりにくいので解説を加えておこう。

上の4人の例で選択肢としてAがなくて、代わりにFがあったとしよう。この場合、各個人の選好が合理的であればB、C、D、Eに関する各個人の選好順位は変わらない。そこで例えば、

太郎：$C>D>F>E>B$

二郎：$F>E>D>B>C$

花子：$E>D>C>B>F$

良子：$C>D>F>B>E$

であったとしよう。

これを集約した場合、集団としての選好が仮に

集団：$C>D>E>F>B$

となったとすればDとEの順序が入れ替わっており、上記③の条件を満たしていないことになる。

この説明でもわかりにくいと感じられた読者のために条件④の別の解説を試みよう。

あなたが昼食を食べようとレストランに入ったとしよう。ボーイが「今日のランチ・メニューはA、B、C、D、Eの5つです」と説明したとする。価格は同じでも異なっていても議論には影響ない。あなたはA、B、Cにはあまり興味がなく、DとEのどちらにするかを少し考えて「じゃあEをお願いします」と答えたとしよう。その直後にボーイが「大変失礼しました。先ほどAと申し上げましたが、今日はAはなくて代わりにFがあることを申し上げるべきでした」と注文を聞き直してきた。それに対してあなたは「それならEをやめてFにします」と答える可能性はもちろんある。問題は「それならEをやめてDにします」という答えがありうるかということである。あなたが合理的であるならば、そのような答えはありえない、という想定にそれほど違和感はないであろう。

しかし、テーブルに座っているのがあなた1人ではなく、あなたを含めた数人のグループであって、皆で同じものを注文すると決めている場合にはどうであろうか？　グループの選好を集計した結果「それならDをやめてEにします」という答えが出るような集計方式は除外したい、というのが条件④の意味である。

これでアローの設定した問題の意味が理解いただけたことと思う。4条件のどれも、もっともな要請だと思われるが、アローの到達した答えは、「4条件を満たす集計方式は存在しない」、というものであった。その証明は本書の範囲を超えるので示さないが、現実の社会でよく用いられている投票では何がいけないのかを考えてみよう。

選挙による投票では、通常は各人が最も望ましい選択肢のみに投票し、順序を付けて投票することは行われないが、それでも条件④を満たさないことが起きる。例えば、ある選挙にA、B、C、D、Eの5人が立候補を表明し、この状況の下では5人の中でEが最も有力であったとしよう。この中でAが何らかの理由で立候補を辞退し、遅れてFが立候補をしたとしよう。選択肢からAが消えて、Fが入ったことによってEではなくDが当選することはありうるであろうか？　もしAがあまり有力な候補ではなく、Fの政策や地盤がEに近ければ、Eに投票されるはずだった票をFがかなり奪って、結果としてDが当選することも十分ありうるのである。

ではこの問題の解決策はないのであろうか？　詳しく分析していくと、各個人の「選好順序のみ」という情報しか使えないという制約がかなりきついことがわかる。現実には、皆で1つのお店を選ぶ時の相談の中で、選好順序の情報だけでなく「私は昨日もカレーだったから、今日はカレーだけは避けたい」とか、「私は、和食がいいけど、フレンチでもかまわない。でも、焼肉だけは困る」などのように選好の強度についての情報も勘案されることが多い。こうした強度の情報も使うことができるならば、問題はかなり緩和される。しかしこれを許すと、自分の主張を通そうとするために、自分の選好を大げさに申告するインセンティブ（誘因）が生まれてしまう。

3 政策決定方法と政府の失敗

こうしたことから、現代では直接民主制ではなく、**代議制**が世界の多くの国で採用されている、代議制とは、国会や地方議会などの場で、選ばれた議員が審議を行い判断することである。議員はすべての事項を審議するが、すべての議員がすべての議題に関して専門性を持っているわけではない。そこで、以下(1)～(4) のような様々な方法によって補完が試みられてきた。

(1) 委員会といわゆる族議員

議会の中では分野別に委員会が構成され、分担して委員会審議をし、委員会の審議が本会議に報告され、本会議で議決が行われる。

例えば日本の国会では、環境やエネルギー関連の主な委員会は、以下のようになっている（第190回国会、2016年1月～6月、括弧内は議員数、このほかに会期ごとに設けられる特別委員会がある）。

　衆議院：環境委員会（常任30)、経済産業委員会（常任40)、

　参議院：環境委員会（常任20)、経済産業委員会（常任21)

地方議会の例として横浜市議会（2016年7月現在）を見ると、

　温暖化対策・環境創造・資源循環委員会（常任11)

　建築・都市整備・道路委員会（常任10)

となっている。

こうした委員会の場で詳細かつ専門的な審議が行われ、その過程で当該委員会の所属議員は専門知識を深めていく。このため、関連する役所、業界、市民団体からの様々なアプローチを受けることになる。これは情報収集上は有効であるが、一方で癒着の危険性も持つ。いわゆる**族議員**はこうして形成されていく。族議員という言葉は、専門性は持つが、関係業界の利害の代弁者でもあるというニュアンスで用いられることが多い。

(2) いわゆる官僚主導

担当省庁の公務員が、専門性を蓄積し政策立案を主導する場合もある。この方式が重要な機能を果たしてきた時期もあるが、機能不全も表面化している。官僚は当該分野の**専門家**である場合も多いが、人事異動もあるので、その程度は様々である。定期的な人事異動は官僚に幅広い行政経験を持たせる効果を持つが、一方で面倒な問題を自分の任期中は放置して、後任に先送りしたいといったインセンティブももたらす。また官僚、特に技官と呼ばれる技術系の官僚は比較的早く退職するのが慣例で、退職後は関係業界で職を得ることが多かった。いわゆる天下りに関しては様々な規制が加えられてきたものの、官僚には、再就職を意識して関係業界の利害に配慮するインセンティブがあったと考えるのが自然であろう。近年では、退職時期がかなり遅くなってきており、これに代わって在籍出向という制度が広がっている。これは、公務員の籍を残したまま、関連業界に近い民間団体で仕事をすることであり、見方によっては退職に伴う転職よりも官と民との間の関係をわかりにくくする制度であると言えよう。

経済活動が高度化・複雑化していく中で、民間企業の事情にも詳しく、専門知識を身に付けた公務員の必要性は増している。しかしそうした人材を、民間企業との癒着を防ぎながら、どのように確保し育成していくかは難しい問題である。

(3) 審議会

行政部局が専門家や利害関係者を集めて**審議会**を設置し、その審議会に審議を求める方式である（「諮問」「答申」という言葉が用いられることもある）。審議会委員の人選は行政が決めるので、行政の「隠れ蓑」的性格を持つこともある。審議会委員に任命されても、担当部署の意向に沿わない発言が多いと再任されない場合もあり、それを勘案して委員が発言をセーブする可能性もある。いわゆる御用学者の問題もこのような状況の下で指摘されている。

また多くの場合、審議会委員は非常勤であり、会議に参加して何らかのコメントはするが自ら汗をかく作業は引き受けないことが多い。そして、再任を続けていずれは部会長や委員長に、という期待を持つ委員も多いと考えられる。委員が所属する大学などでも、こうした肩書が社会貢献活動として評価されるからである。

審議会委員の人選などをめぐる問題に関しては、イギリスで採用されている「公職任命コミッショナー」制度が参考になる。これは、①公募、②実力本位、③透明なプロセス、④苦情を受け付ける、の4要因を盛り込んだ制度であり、日本の不透明な状況に比べればはるかに前進したものである。しかし、問題を完全に解決したとは言い難い。

（4）いわゆる政治主導

上記のような点に関する反省もあって、日本では近年多くの審議会が整理統合された。特に「官僚丸投げの政治から、政権党が責任を持つ政治家主導の政治へ」をマニフェストの筆頭原則に掲げた民主党が2009年の選挙に勝利した。これを受けて発足した政権は、各省庁の政策決定プロセスが大臣、副大臣、政務官の政治家を中心になされるシステムを構築した。しかし、このシステムは全体としては成功したとは言い難い。大臣などの専門知識が低かったり、政権の先行きに陰りが感じられたりした際には、専門性を蓄積してきた官僚が「お手並み拝見」といった対応をしがちになったからである。

こうしたことから政府や自治体も適切な政策を決定できないことがある。これが「**政府の失敗**」と言われるものである。これはたんに、誤った政策決定がなされるリスクだけではなく、何も決められないリスクや、何かを決めても民間部門がついてこないリスクも含むものである。

（5）司法（裁判所）の問題

昭和期の公害裁判や近年の原子力発電の再稼働差し止め訴訟などの例に見られるように、様々な紛争の最終的な決着は裁判によって決まることが多い。そこで司法のあり方は、企業、行政、市民の行動に大きな影響を及ぼすことになる。しかし、日本の司法は自然科学の絡む問題、特に科学的不確実性に関する問題を適切に扱えていないとの指摘もある。その背景には、以下のような点がある。

①法律の専門家である裁判官には科学的知識が少ないことが多い。

②該当分野の専門家が白か黒か（例えば安全か危険か）を判定してくれるはずだ、という単純な科学観を持っている裁判官が多い。

③日本の司法制度の下では、証言の信用性に関する事項についての反対尋問が認められている。そのため、相手方の専門家証人の信用を貶めようとする質問もなされ、専門家にとって裁判で証人になることは、不愉快な経験になることがある。また裁判官もこうしたやりとりを延々と聞かされ、本質的な論点が理解しにくい。

このような問題に関して海外では、原告・被告双方の専門家が、意見が共通する点と相違する点に関して共同で報告書を作成したうえで、裁判官の司会で議論するという方式（コンカレント型専門家証拠方式）の導入が始まっている。日本でもこうした方式の検討が望まれる。

(6) 日本の特殊性

「日本は、かつては公害の問題に悩まされたが、経済力、高い技術力、国民の公徳心や衛生意識によって環境問題を克服した環境先進国である」という認識は、残念ながらもはや楽観的に過ぎると言えよう。

原子力発電所の事故はきわめて深刻なものとなったし、ダイオキシンの空中濃度は先進国の中でも際立って高い。第13章「地球温暖化問題と日本の選択」で見るように京都議定書の第２約束期間からも離脱し、第15章「経済活動の国際化と環境・エネルギーの課題」で述べるように捕鯨をめぐっては、国際司法裁判所で敗訴した。それぞれの問題にはそれぞれの背景があるが、総じて言えば、科学技術的専門性を必要とする案件に関するガバナンスに問題があると考えられる。その背景には以下のような要因がある。

①縦割り的で、チェック＆バランス機能が弱い

例えば、原子力発電所の事故以前のエネルギー分野の規制の体制は国際標準のものではなく、OECD（経済協力開発機構）などの国際機関からは是正を勧告されていた。エネルギー問題を所管する経済産業省と環境問題を所管する環

境省との連携も悪く、地球環境問題などではしばしば対立してきた。

② NPO（民間非営利団体）の基盤が弱い

アメリカなどでは、民間のシンクタンクなどが様々な分野の専門家を擁し、レベルの高い政策提言を行っている。政権交代の際には、そうした専門家が政府の高官に就任することも珍しくない。その背景には寄付税制が充実していて、NPOの財政的な基盤がしっかりしていることがあげられる。日本では、自立した財務基盤を持っているNPOは少なく、国や自治体の委託や補助に依存しがちである。

③メディアの監視機能が弱い

新聞やテレビは広告費依存体質が強く、視聴率などを強く意識するとともに、有力な広告主の思惑に配慮した運営がなされることがあると言われている。また、従来の記者クラブ制度は、役所などからの情報供給に大メディアが依存する傾向をもたらしてきた。しかし、近年、インターネットを活用する、より小規模な自立型メディアが生まれてきており、環境・エネルギー問題でも積極的な情報発信を行っている。

④労働市場の流動性が低く、起業環境が悪い

日本では人材の採用は大学生新卒が中心であり、一度失業すると正社員の仕事は見つけにくい。こうした状況の下では、失敗のリスクもあるベンチャー企業は有為な人材を集めにくい。また金融面でも、ハイ・リスクでもハイ・リターンを求める、いわゆるリスク・マネーの供給が少ない。

こうしたことから日本では起業は少なく、独創的な新技術を育てる力が弱い。一方で大企業の社員は、仮に会社の方針に疑問を感じても、問題提起をするには相当の覚悟が必要であり、「長いものにはまかれろ」といった対応に陥りやすい。

⑤文科系・理科系の区別が強い

大学受験の時期から進路が文科系と理科系に区別され、学ぶべき教科が限定されていることが多い。官庁や会社でも人事系列が縦割りになっていて、それぞれの系列の自治が尊重されている一方で、他の系列の問題（マターという言葉が使われることも多い）には口を出さないことが慣例になっていることが多い。こうした中で、文科系・理科系の双方にまたがるような、総合的な議論や検討は不十分になりがちである。

▶ドイツにおける脱原発

ドイツは欧州の中でも、環境意識の高い国である。「森の民」と呼ばれてきた民族性や、昔から酸性雨に悩んできたこともあって、環境問題は主要な政策課題になってきた。再生可能エネルギー発電に関する固定価格買取制度（FIT：Feed-in Tariff）をいち早く導入し、発電に占める再生可能エネルギー発電のシェアは3割を超えたと推計されており（2015年）、先進国の中でも最も高い水準に達している。原子力発電に対する政策は、与党を担う政党の変遷の影響を受けて、必ずしも一貫してこなかったが、国内発電に占める原子力発電のシェア（2013年15.5%）は隣国のフランス（同74.7%）に比べて大幅に低かった。

ドイツのメルケル首相は日本の福島の原子力発電所の事故に深い衝撃を受け、ただちに既存の原子炉安全委員会に再点検を依頼するとともに、有識者による倫理委員会を設置して検討を依頼した。この有識者には、原子力関係者は含まれず、宗教家、哲学の専門家、環境の専門家などで構成されていた。倫理委員会の報告を受け、ドイツ政府は17基保有している原子炉の稼働を2022年までにすべて止めることを決定し、議会も圧倒的多数で関連法案を可決した。原子力発電に代えて再生可能エネルギーへの依存をいっそう高めることとしている。ただし、固定価格買取制度も電力料金への上乗せが大きくなるなどの副作用が大きく、大幅な見直しが行われているなど、十分な展望が開けているとは言い難い。

4　可能性としての社会
――市場の失敗と政府の失敗への対応策

(1) 第3の道は「社会と市民」か？

このような状況を改善するため、様々な新しい試み（コラム②「環境問題とエネルギー問題に関するガバナンス改善のための様々な模索の例」を参照）が近年なされている。総じて言えば、「市場の失敗」や「政府の失敗」を補うものとして「社会の補完機能」が注目されている。ただし、その具体的道筋はまだ必ずしも明らかにはなっていない。

各種の取り組みは「**第3の道**」の模索の一種と位置づけられるであろう。「第3の道」とは、はアンソニー・ギデンズが提唱し、イギリスのブレア政権により取り上げられたものであるが、その後も様々な論者が様々な概念を提唱している。したがって、第1の道と第2の道が何を意味するのかは、論者によって異なっている。資本主義と社会主義、市場と計画、伝統的な社会民主主義と新自由主義、大きな政府と小さな政府などである。そして、こうした様々な概念の中で、第3の道として模索される方向性の共通点は「社会と市民」である。「社会」の中で人々は周囲と長い付き合いを続けるので、信用を失うような行為はしにくい。また、社会と市民は、個々人の利害だけでなく、消費者全体の利害や将来世代の利害も勘案して行動をすることができる。

(2) ソーシャル・キャピタルへの注目

このような流れとも関係するが、近年、**ソーシャル・キャピタル**の機能が注目されている。ソーシャル・キャピタルとは、社会（集団）の中での、信頼、ネットワーク、参加意識などであり、協調行動を促進するものである。かつて農林水産業が基盤であった時代には、田植えを共同で行う必要があるとか、同じ水系で上流と下流の調整が必要であるといったような産業活動上の動機を中心に地域社会の絆が保たれていた。強い相互監視などの負の側面もあったが、里山などが整然と管理される要因にもなってきた。しかし、こうした伝統的な地域**コミュニティ**機能は工業化や都市化とともに衰退傾向にある。それに代わって、開放的な市民社会の役割（国際的な連携も含む）に期待が集まっている。

(3) 見えてきた点と課題

科学技術に関する社会のガバナンス機能を改善するための様々な試みを通じて見えはじめてきた点は、以下のようなものである。[1)]

①市民のより広範な参加が重要

市民は全体として見れば専門家より総合性に優れていて、市民からの示唆は専門家にとっても貴重なものであることが多い。しかし、市民の意見を反映させる際には、２つの「せいとうせい」をどのように確保するかが課題である。第１は正統性であり、一部の市民の提案や討議などにより方向性が出てきた場合にそれを代議制民主主義のプロセスの中にどう位置づけるか、という点である。第２は正当性であり、どのようにして代表的市民を選べばよいのか、関心のある市民や時間的自由のある市民だけを選んでいないか、といった問題である。

②新しい専門家の役割

大学や研究機関で自然科学的な研究に没頭してきた専門家も、自分たちの研究がどのように社会に役立ちうるのか、どのように役立てるべきか、ということに関心を持つことが望まれる。より具体的には、科学技術の倫理的・法的・社会的問題への関心である。これらは**ELSI**（Ethical, Legal and Social Issues）と総称されることがある。そのためには、専門家育成のプロセスの中にある程度そうした活動を盛り込むことも考えられる。こうした意識を持った「新しい」は専門家が、専門を超えて市民や社会に「私ならこうする」とアドバイスをするような「新しい」活動をすることが期待される。

---

1)　科学技術振興機構社会技術研究開発センター（2013）「関与者の拡大と専門家の新たな役割」を参照。

しかし、なお明らかにすべき課題はある。例えば学者にELSIへの関与をどこまで義務づけるべきかどうかということである。興味を持っていなかった専門家でも、強制されてそうした活動に参加したことが契機になって、社会リテラシー活動（一般の人々とのコミュニケーションを通じて自分の専門分野の社会的意義についての認識を深めること）に目覚めることが多いことが明らかになってはきたが、そうであるからと言って全員に強制することは行きすぎかもしれない。専門分野だけを研究する研究者とELSIへの含意にも詳しい専門家との、分担と協力のルールを作ることが望ましいのかもしれない。

コラム2 ▶環境問題とエネルギー問題に関するガバナンス改善のための様々な模索の例

科学技術の絡む社会の問題に関するガバナンス改善の試みの中で、環境問題やエネルギー問題との関係が深いものについて、以下にいくつかを紹介する。これらは新しい試みであるが、概して財政的基盤は弱く、公的補助を受けているものが多い。

①科学技術評価機関　テクノロジー・アセスメント（第9章「環境評価」を参照）を行う機関であり、国会に付随する機関として欧州で続々と設けられた。中でもデンマークの技術委員会（DBT、ただし国会付属ではない独立機関）は、コンセンサス会議を主催したことで有名である。コンセンサス会議とは、市民によるパネルを設置し、専門家との討議を経たうえでコンセンサス（合意）にいたることを目指すものであり、環境問題も含めた様々なテーマで議論が行われた。

②サイエンス・カフェ、市民討議、市民陪審　特定の分野のELSIに関して、市民が専門家を交えつつ意見交換する場である。専門家にとっても啓発されることが多い。

③ステークホルダーによる熟議　様々な利害関係者を集めて徹底的に議論しようという試みである。環境庁OBの学者が、審議会は機能不全に陥っているとの問題意識から、熱心に推進したのが典型的な例である。利害関係者といっても個人の参加であり、仮に参加者の考えが**熟議**の結果として変わったとして

も、出身母体を必ずしも説得できないことや、論点構造の明確化はできたとしても、それをどのように社会的意思決定に結びつけていくのか（意見が割れたらどうするのか？　逆にまとまってしまったらどうするのか？）、といった点が課題である

④世界市民会議（WWViews）　世界各地で同じ日に共通の議題を議論し、意見を集約して、国際的な意思決定プロセスに影響を与えようという試みである。上述のデンマークのDBTなどが提唱して、2009年に初めて地球温暖化抑制をテーマにして実施され、日本でも京都に代表的市民100人が集められて討議が行われた。2012年には生物多様性をテーマにして開催され、日本では東京に市民が集まった。

⑤地域主導型科学者コミュニティ　研究対象地域を時々訪れるだけでなく、地域環境問題に住み込むような形で関与する専門家のネットワークである。地域環境問題への取り組みは、地域の様々な事情とのかかわりも含めて分析し、解決策を探っていく必要があるので、そこに住み込むような形で関与する専門家（レジデント型専門家）が必要であるのに、そうした専門家同士の意見交換や相互評価の場が少ない、との問題意識から生態学者が立ち上げたものである。

⑥サイエンス・メディアセンター　高度な専門性を必要とする事項に関して、メディアからの要望に応えて専門家を紹介したり、その時々の世の中の関心の高いテーマに関して自らレベルの高いコメントを出したりする機関である。日本でも2010年に創設された、原子力発電所の事故の際には存在感を発揮したが、大手のメディアが自前の科学部を持ち、また個人としての発言に慎重な研究者が多い状況の中で、苦労が続いている。

⑦討論型世論調査（DP＝Deliberative Poll）　無作為抽出で選ばれた市民にまず世論調査を行ったうえで、専門家の知識を提供しつつ討議してもらい、その後でもう一度意見を聞くという手法である。アメリカのフィシュキンとラスキンという２人の学者が提唱した。興味深い手法ではあるが、その結果を社会的な意思決定にどのように生かすべきかについては不明確であることが弱点であると言えよう。日本では2012年夏に政府が主導して、2030年の発電に占める原子力発電の比率をどうするかに関して国民的議論を行ったが、その中でこの手法が用いられた（第14章「日本のエネルギー政策」を参照）。

復習問題

①環境問題は＿＿＿＿の失敗によって生じると言われてきたが、それへの対策がうまく機能しないことも多く、＿＿＿＿の失敗もあることが明らかになってきた。

②社会全体で物事を決める方法として＿＿＿＿民主制が用いられた例もあるが、すべての人がすべての事柄に＿＿＿＿いわけではなく、また人々の考えを適切に集約する手続きに関しても完全なものは＿＿＿＿ことが証明されている。こうしたことから多くの国では＿＿＿＿民主主義が採用されている。

③環境問題やエネルギー問題への政策の立案には、自然科学的な専門知識や、社会の様々な構成員への配慮が必要である。また、国際交渉が必要になるものもある。こうした問題への対応は、これまで、担当の官僚が主導する方式のほかに、外部の専門家が参加する＿＿＿＿会、立法府の＿＿＿＿会を通じた専門性の育成（いわゆる＿＿＿＿員）、担当大臣などが指導力を発揮する方式（いわゆる＿＿＿＿）などの様々な対応がなされてきているが、それぞれに弱点もある。

④このような問題は諸外国でもあるが、先進国の中でも日本は特に対応が遅れている。その背景には＿＿＿＿機能が弱いこと、＿＿＿＿の基盤が弱いこと、＿＿＿＿の監視機能が弱いこと、＿＿＿＿市場の流動性が低いうえに、＿＿＿＿系・＿＿＿＿系の区別も強く、縦割り的な体質が強いこと、などの要因がある。

⑤こうした問題を解決する1つの方策として、市場や政府の失敗を＿＿＿＿によって補完できないかという発想が注目を集めている。＿＿＿＿や＿＿＿＿が、どのような役割を果たすべきかについて、様々な模索がなされている。

⑥近年注目を浴びている＿＿＿＿・キャピタルの議論では、現代社会のガバナンスのうえで、人々の間の＿＿＿＿関係や＿＿＿＿、参加意識や帰属意識などの影響を重視しており、環境問題の解決のためにもこの分野の知見が蓄積されていくことが期待される。

⑦2012年、原子力発電の将来に関して政府主導で「＿＿＿＿的議論」が行われ、その一環として＿＿＿＿型世論調査が実施されたが、＿＿＿＿の利用方

法などの面では、課題が残っている。

⑧環境問題やエネルギー問題には各種の不確実性がかかわることが多いが、紛争に最終的な決着をつける役割を担っている＿＿＿＿制度は、＿＿＿＿的不確実性に適切に対応できていない。この傾向は日本で特に深刻であるとの問題意識から改善に向けた議論も始まっている。

⑨環境問題への対策の解決には、自然科学的な分野などに関する、＿＿＿＿家の知識を活用する必要がある。科学技術の倫理的・法的・社会的問題（＿＿＿＿）に配慮しつつ助言ができるような専門家を育成する必要がある。また行政だけでなく、＿＿＿＿の常識や生活知を反映させていくことも重要であるとの認識が広まってきた。そのための具体的な方法について様々な試みが行われている。

第9章

環境評価

私たちが行う様々な活動は環境に影響を及ぼすが、その中には深刻なものや回復不可能なものもありうる。環境に関する正確な評価を行うことは、適切な意思決定のために不可欠である。

本章では環境に関する各種の評価活動を概観し、相互の関係を整理したうえで、狭義の環境評価、すなわち金銭的な評価について概括的な説明を行う。

キーワード

環境評価　環境アセスメント
戦略的環境アセスメント（SEA）　簡易アセス
テクノロジー・アセスメント（TA）　技術評価局
費用便益分析　ライフサイクル・アセスメント（LCA）
オフセット　LIME（被害算定型影響評価手法）
補償変分（CV）　等価変分（EV）

1　広義の環境評価

環境評価という言葉の定義は必ずしも定まっていないが、広義には、開発事業や製品の環境への影響を評価したり、新技術の環境に及ぼしうる影響を検討したりすること、さらには環境関連の事業の費用や便益を評価することも含まれると考えてよいであろう。なお、日本語の「評価」という言葉は英語のassessmentとevaluationの両方に対応しているが、英語では両者が区別して用いられることもある。その場合には、assessmentが総合的・多面的なニュアンスが強く情報収集を重視する。それに対して、evaluationは、数量的・主観的なニュアンスが強く、意思決定に役立つことを重視する、といった違いがある。

（1）環境アセスメント

環境アセスメントとは事業を行おうとするものが、その開始前に、主に自然環境に及ぼす影響について調査・予測・評価を行い、住民や自治体の意見などを参考にしながら環境保全のための配慮を行うことである。実例としては伊勢湾の藤前干潟の事例（コラム①「藤前干潟と環境アセスメント」を参照）が有名であるが 、最近ではリニア中央新幹線についてのアセスメントがある。日本は環境アセスメント法を導入することが非常に遅れた。以下ではその経緯を振り返ってみよう。

①実質的な初代環境庁長官の大石武一氏によって理想が掲げられ、1972年にストックホルムで開催された国連人間環境会議で環境アセスメントの手法を取り入れることを宣言したが、各省庁の抵抗にあって法制定には至らなかった。

②このため1997年に環境影響評価法が成立されるまでは、行政指導による環境アセスメントが行われていた（通称、閣議アセス）。ただし、一部の自治体では条例などで環境アセスメントの実施を義務づけていた。

③1997年に法律が作られた時はOECD諸国のうちで最後で、アメリカの国

家環境政策法に28年遅れた。

④この法律も不十分なものであった。まず、対象が大規模なものに限られており、国が実施または許認可を行う13種類の事業とされていた。このため、環境アセスメントの実施件数も年十数件〜数十件程度であり、アメリカの3万件〜5万件の実施に比べて大幅に少なかった。また、事業計画が固まってから環境アセスメントが実施されるので事業の修正・改善に結び付きにくく、「アワセメント」と揶揄されることもあった。さらに改善状況のフォローが弱いなどの問題もあった。

⑤そこで、2011年4月に環境影響評価法の改正法が成立し、2013年4月から完全施行された。最大の特徴は、計画段階配慮書が新設され、大規模な事業に関しては計画段階から環境の保全に関して配慮することが求められるようになったことであり、いわゆる**戦略的環境アセスメント（SEA）**が導入された。このほかに、補助金の交付金化の流れに対応して交付金事業も対象に追加されたこと、電子縦覧（関係書類をインターネットで見ることができるようにすること）を義務化したこと、保全措置の実施状況の公表を義務化したことなどがある。

発電所に関しては、2007年ごろの検討過程では、戦略的環境アセスメントの適用から外そうとする動きもあったが、世論の反対もあって、含まれることになった。さらに2012年からは、それまでの水力、火力、地熱、原子力発電に加えて、風力発電が追加され、一定規模以上の発電所については、騒音、低周波被害、鳥類への影響などが評価されることになった。

⑥積み残されている課題としては、第1に、土地利用計画、基本計画などのより上位の計画段階でのアセスメントの実施がある。これは、事業者によるアセスメントとは違うアプローチが必要となる可能性があることなどから検討課題とされた。

⑦第2の課題は**簡易アセス**の導入である。小規模な事業を対象に手続きを簡単にして、環境への影響を手軽にチェックするものである。各国の制度でもまず簡単なチェックをして、詳しい調査に進むべきかどうかを判断している。これによって、アセスメント対象基準より少しだけ規模を小さくするという「アセス逃れ」を防ぐことができる。

⑧第3の課題は、代替的な選択肢の検討の義務づけである。日本では、土地が狭く代替的な用地が見つけにくいなどの理由から見送られてきた。しかし、事業を（何も）しない場合（ゼロ・オプション）との比較は可能である。

なお、災害復旧のための発電設備などに関しては適用が除外されている。

(2) テクノロジー・アセスメント

テクノロジー・アセスメント（TA）とは、技術、特に新技術の影響を多面的（経済、環境、倫理、社会、文化、法律など）に予測・分析することであり、技術の社会影響評価、技術評価などとも呼ばれる。テクノロジー・アセスメントは、垂直離着陸機、遺伝子組み換え作物、ナノ・テクノロジーなどの様々な分野に適用された例がある。ただし、特に決まった手法はなく、様々なアプローチがなされている。以下では、その経緯を振り返ってみよう。

①アメリカでは1972年にテクノロジー・アセスメントを行う世界初の専門機関である**技術評価局**が議会に設置されたが、1995年に財政削減のために廃止された。しかしテクノロジー・アセスメント活動は全米科学アカデミー、議会調査局、会計検査院などで実施されている。ただし断片的なものが多く、中立性に疑問のある報告もある。

②欧州では1980年代に続々と議会に専門機関が設置され、EPAT（European Parliamentary Technology Assessment）という国際的なネットワークが作られている。そのお手本とも言われたのがデンマークの技術委員会（DBT）であり、第8章「社会的意思決定」で紹介したように、コンセンサス会議や世界市民会議などの様々な新手法を開発してきた。形式的には政府の傘下にあったが、実質的には独立機関として活動してきた。しかし、研究開発予算拡充のためには代替財源がいるとして廃止されてしまった。その後は2012年から民間団体として再出発している。

③日本では1970年代に議論が盛り上がり、TAを行う公的機関を創設しようとする様々な提案もなされたが、結局は根づかず、2016年秋現在、経常的・専門的に実施している公的機関はない。日本で根づかなかった要因としては、公害問題の沈静化や行政の縦割り体質などが考えられるが、改めて見直そうとい

う気運もあり、2016年1月に閣議決定された第5期科学技術基本計画では「社会における科学技術の利用促進の観点から、科学技術の及ぼす影響を多面的に俯瞰するテクノロジー・アセスメントや、規制等の策定・実施において科学的根拠に基づき的確な予測、評価、判断を行う科学に関する研究、社会制度等の移行管理に関する研究を促進する」とされている。

コラム 1 ▶藤前干潟と環境アセスメント

伊勢湾の最奥部の、庄内川、新川、日光川が流れ込むあたりにある藤前干潟は、面積323haで、東京の代々木公園の6倍ほどの広さを持つ日本最大級の干潟である。日本列島の中央に位置し、シギやチドリなどの渡り鳥の中継地になっている。2002年にラムサール条約（正式名称「特に水鳥の生息地として国際的に重要な湿地に関する条約」）に登録された。

かつて、ゴミ処分場の不足に悩んだ名古屋市が藤前干潟に処分場を設けることを計画し、1998年8月には、市の条例に基づくアセスメント手続きを終えた。そのプロセスでは公聴会が開催され「自然環境への影響が明らかである」との認識が共有されたものの、「改良を行い影響を軽減するよう努める」（人工干潟を作る）とし、同年10月には市議会で埋め立て同意議案が可決された。これに対して民間団体からは、世界規模で移動している渡り鳥の中継地点を奪うことはラムサール条約の締結国としての責任放棄ではないか、環境庁がこれを認めるようでは、施行直前の環境影響評価法の真価も問われる、などの批判が相次いだ。

環境庁（当時）も「人工干潟は生態系を破壊する。そのまま保存するのが適当。代替地の検討を求める」と反対した。保存運動も盛り上がり、日本中から注目された。結局、国の許可は下りず、名古屋市は翌年初めに計画を断念する一方で、「ゴミ非常事態宣言」を出して2000年の名古屋の「熱い夏」（市民を巻き込んだ大規模なゴミ削減運動）につながることになった。この結果、藤前干潟は保存されることとなった。現地には藤前干潟を守る会のビジター・センターがある。

(3) 費用便益分析

費用便益分析とは、公共事業などについて、どのようなメリットとデメリットがあるかを経済面から整理することであり、新規道路の整備などに関して応用例が多い。枠組みとしては第5章「政策手段と部分均衡分析」で説明した部分均衡分析が使われる。

問題点としては第1に、分析には様々な想定を置くことが必要になるが、評価実施主体が事業実施主体であることが多く、バイアスがありうることである。

第2に、評価の前提になる基準数値が様々なことである。具体的には、比較的遠い将来の便益と近い将来の支出を比較するためには、社会的割引率や金利などの概念が必要であるが、これを何%に想定するべきかといった点について、根拠をもって決めることは困難である。

第3に、多くの事例では環境への影響は軽視されがちである。環境に悪影響があることを事業実施主体が認めたくないという理由だけでなく、次節で見るような金銭的評価の方法論に議論の余地があること、さらには金銭的評価を行うと補償問題を惹起するのではないかという不安を事業者が持つためではないかと考えられる。

第4は、評価の基準が分析によってマチマチになる場合があることである。GDP(国内総生産)の押し上げ効果や雇用創出効果として表示される場合もあるし、より厳密に社会的余剰(第5章を参照)として表示される場合もある。その場合、消費者余剰に関しては次節で示すように、所得効果が存在する場合には2つの評価方法(EVとCV)が可能であるが、どちらで表示すべきかについても特に定まってはいない。

こうした問題の解決に役立てるために、国土交通省は道路整備に関して、2008年に「費用便益分析マニュアル」[1)]を作成・公表している。これは道路の整備による、「走行時間短縮」「走行経費減少」「交通事故減少」の3つの側面についての計測方法を示したものであり、社会的割引率は年率4%を用いるべ

1) 国土交通省道路局「費用便益分析マニュアル」平成20年11月。
http://www.mlit.go.jp/road/ir/hyouka/plcy/kijun/bin-ekiH20_11.pdf

きなどとされている。費用としては、工事費、用地費、補償費、間接経費などを対象とするとされている。

費用便益分析を行う際には、すべての費用とすべての便益を取り上げることが必要であり、一部のみの比較では、判断の材料になりにくい。道路の例で言えば、もし走行に必要なエネルギー消費が減少して温室効果ガスの排出が減るのであれば、それは社会的便益に含めるべきである。一方で、道路工事による環境汚染や、道路が動物の通り道を分断し生態系に悪影響を及ぼすことなども費用面に含めるべきであろう。また用地費は、用地を売却した人が対価として受け取るものであるので、社会的観点からは費用ではないと言えよう。しかし、もし立ち退きによって、その土地で行っていた営業活動を断念せざるをえなくなったりした場合には、その分は費用に含まれるべきであろう。こうしたことをすべて計算することは、実際には困難なことが多いが、少なくとも定性的にリストアップしておくことが必要であり、計算できるものだけを計算して、結論を出そうとすることには危険が伴う。

（4）ライフサイクル・アセスメント

企業が作る製品やサービスなどが、当該企業が関与する過程だけではなく、部品や原材料や輸送などの段階も含めて、どの程度環境負荷をもたらしているかを把握し、さらには、廃棄やリサイクルの段階での環境負荷も含めて評価しようとする試みが**ライフサイクル・アセスメント**（**ライフサイクル環境影響評価、LCA**）である。そのためには、第11章「環境とエネルギーの技術」で説明する産業連関表が活用される。こうして作られた推計結果は、製品のトータルな環境負荷を減らすための指針として役に立つ。また、それらの情報がCSR 報告書（企業が社会的存在であることを意識して作成・公表する報告書）などに掲載されることを通じて、消費者の商品選択の際の参考となったり、その企業が環境に配慮しているというイメージをアピールしたりすることにも役立つ。イベントなどの環境負荷を推計して、それに見合った植林などの環境再生プロジェクトが実施されることもある。こうした活動を**オフセット**と呼ぶ。

LCA をさらに進めたものが **LIME**（Life-cycle Impact assessment Method

based on Endpoint modeling、**被害算定型影響評価手法**）であり、様々な環境負荷が及ぼす様々な被害を広範にとらえて、金銭的評価やウエイトづけも行って統合しようとする試みである。LIMEによって、複数の商品の総合的な環境負荷を定量的に比較することも可能になる。金銭的評価にあたっては、次章で述べる表明選好法の結果が応用される。また、狭義の環境だけでなく、枯渇性資源に関しても評価の対象を広げることができる。

コラム②　▶LCAやLIMEと外部性

LCAやその進化形であるLIMEは、われわれの活動の環境負荷や希少資源消費について総合的に把握するうえで有効である。企業はそれらの推計値を参考にして、環境にやさしい経営を心がけることができる。また環境や資源節約に敏感な消費者は、商品やサービスの選択にあたって、価格だけではでなく、このような手法で求められた環境負荷の推計値を参考にすることができる。

しかし、ある観点から見るとこれは次善の状態であり、最善の状態ではない。というのは、もし、環境負荷に伴う外部不経済や資源の希少性が環境税のような形でしっかり内部化されているならば、環境負荷の大きい部品の価格はそうでない部品に比べて高くなるので、LCAの推計値を見るまでもなく、企業は環境負荷の小さい部品を選択するはずである。また環境負荷の大きい部品などを使えば製品やサービスの価格も高く設定せざるをえなくなるので、企業は経済原理に基づいて自動的に環境にやさしい経営を行うはずである。消費者から見ても、製造過程での環境負荷が大きな製品は価格が高くなるので、消費者は製品価格だけを判断材料として選択すればよいことになる。したがって最善の姿は、部品や製品の各段階でその段階での外部不経済が適切に内部化されて、価格メカニズムに反映されることであろう。

また第6章「環境税」で見たように、エネルギーなどの価格には、部分的にではあるが外部不経済を内部化するための税金が課されているので、価格の中には内部化された環境負荷が一部ではあるが含まれている。その場合には、企業や消費者が価格に加えて参考とすべきなのは、厳密には、内部化されていない（価格には反映されていない）環境負荷がどれだけあるのかということであり、環境負荷全体ではない。

(5) 狭義の環境評価

本書で定義する狭義の環境評価とは、ある環境状態が存在することやそれを維持すること、あるいは悪化した状態から回復させること、などの経済的価値を推計することである。端的に言えば、金銭的評価を行うことである。特定の技術やプロジェクトと関連づけて行うとは限らないが、(1)～(4) で説明してきた広義の環境評価の一部として使われることもありうる。狭義の環境評価とそれぞれとの関係についての課題を述べるならば、

①環境アセスメントの結果（例えば水質がどの程度汚染されているのか、どの生物の生息に影響が及ぶのか）の深刻さを狭義の環境評価を用いて行うことができる。その結果を、開発事業の修正などの意思決定に役立てていくことが望ましい。

②テクノロジー・アセスメント（TA）は、案件の性格に応じて狭義の環境評価を含むことが望ましい。

③費用便益分析では、狭義の環境評価をその構成要素として明示的に勘案することが望ましい。

④LCA や LIME は、金銭的評価に結び付ける段階で、狭義の環境評価に関する調査結果を用いることが多く、またLCA 的な手法によって、新規プロジェクトの環境負荷の全体像を明らかにできることもあり、両者がフィードバックしあいながら発展していくことが望ましい。

ということになる。狭義の環境評価も含めた5つが、より統合された形で実施され、方法論が改善されていくことが期待される。

狭義の環境評価はまだ歴史の浅い分野であり、手法には改善の余地がある。そのことが、環境への影響を評価対象から外すことに口実を与え、結果として環境悪化につながった面もある。狭義の環境評価の具体的な諸手法については次章で詳しく述べるが、その準備として次節では2つの概念を説明する。

2　補償変分（CV）と等価変分（EV）

所得効果（第5章を参照）がゼロでない場合には、消費者余剰には2つの測り方がある。

1つは**補償変分**（**CV**：Compensating Variation）であり、元の効用水準に戻るためにはどれだけの金銭的補償が必要と考えられるのかという概念である。例えば、何らかの理由で環境が汚染されれば、人々の効用水準は低下するが、その補償として金銭が支払われる場合を考えてみよう。いくらもらえば、環境が汚染される以前の効用水準に戻ることができるだろうか。別の言い方をすれば、どのくらいの金銭をもらえば、その環境の悪化を受け入れてもよいと考えるか、ということである。もし、その汚染によってかけがえのないものが失われると人々が考える場合には、補償変分は高いものになる。

もう1つは**等価変分**（**EV**：Equivalent Variation）である。これは環境の悪化に伴う効用水準の低下は、どの程度の金銭を失った場合と同じであると考えられるのかという概念である。何らかの理由で環境が汚染されれば、人々の効用水準は低下する。もしその環境汚染がなくて、その代わりに金銭を支払わされたとしたら、どの程度を支払った場合に同程度に効用水準が低下するかということである。別の言い方をすれば、現在の環境を維持するためにはいくらまでなら支払う用意があるのか、ということである。

補償変分と等価変分が無差別曲線とどのように関係しているかを図表9-1で説明しよう。

図表9-1では横軸に環境が取られ、右側ほど環境が良い状態を表すとしよう。縦軸は所得であるが、より厳密には一般財、すなわちここで問題にしている環境以外のすべての財をまとめたものである。現状はA点であり、環境がB点に悪化する可能性を考えているとしよう。すなわちA点からB点に向かう濃い矢印の変化である。この変化によって、効用水準は低下するので、B点はA点より低い効用水準に対応する無差別曲線の上にある。

この時、補償変分はBCの長さで表される。C点はA点と同じ（実線で表

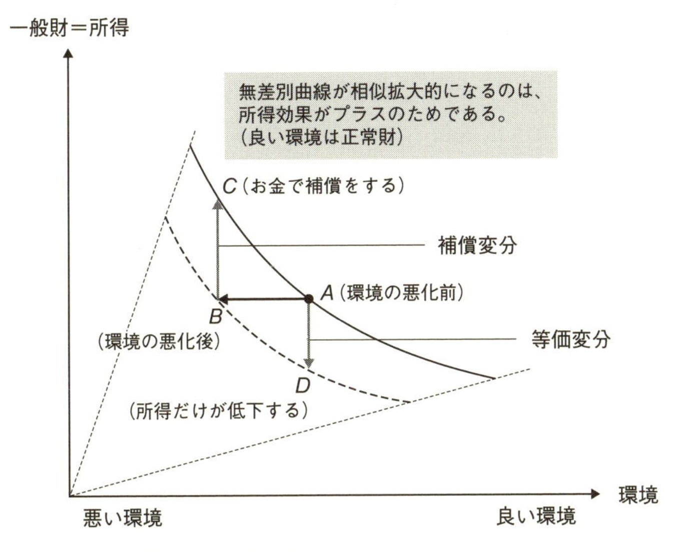

図表 9-1　補償変分と等価変分

された）無差別曲線の上にあるが、A 点に比べて一般財が多く環境が悪い。一方、等価変分は AD の長さである。D 点は B 点と同じ（点線で表された）無差別曲線の上にあるが、一般財がより少なく環境が良い。

補償変分 BC と等価変分 AD のどちらが大きいかは、図からは微妙であるように見えるかもしれないが、BC のほうがこの場合は長い。その理由は、点線の無差別曲線は原点に関して相似縮小的に描かれているからである。図には描かれていないが、このような場合には、予算制約線が外側に動いてより大きな予算が使えるようになった時には、より多くの一般財と、より良い環境の組み合わせが選択されることになる。すなわち、「良い環境」に関する所得効果がプラスであり、「良い環境」は正常財である。

ところが、常にそうなるとは限らない。それを説明するために描いたのが図表 9-2 である。

図表 9-2 では、A 点の乗っている無差別曲線は図表 9-1 と同じであるが、B 点の乗っている無差別曲線は A 点の乗っている無差別曲線を下方に平行移動した形で描かれている（一点鎖線）。2 つの無差別曲線が縦軸方向に等距離で

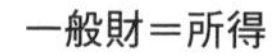

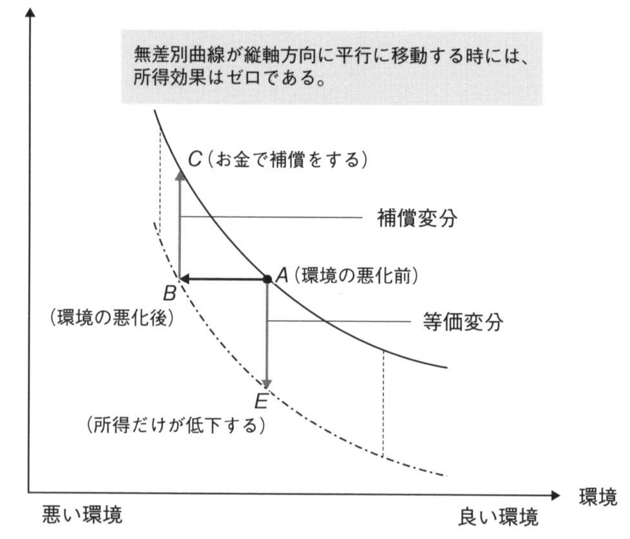

図表 9-2　「良い環境」の所得効果がゼロの場合の補償変分と等価変分

あるので、このような場合には補償変分 BC と等価変分 AE が等しいことが理解できる。

また、図には描かれていないが、このような場合には、予算制約線が上方にシフトしてより大きな予算が使えるようになった時には、予算の増加分はすべて一般財の消費増に充てられ、環境の改善には向けられないことになる。すなわち、「良い環境」の所得効果はゼロである。

以上、所得効果がプラスの時には補償変分が等価変分より大きいことを説明してきた。その理由を直観的に表現すれば、効用水準が高い場合には同じ環境の変化に対する金銭的評価が大きいということである。

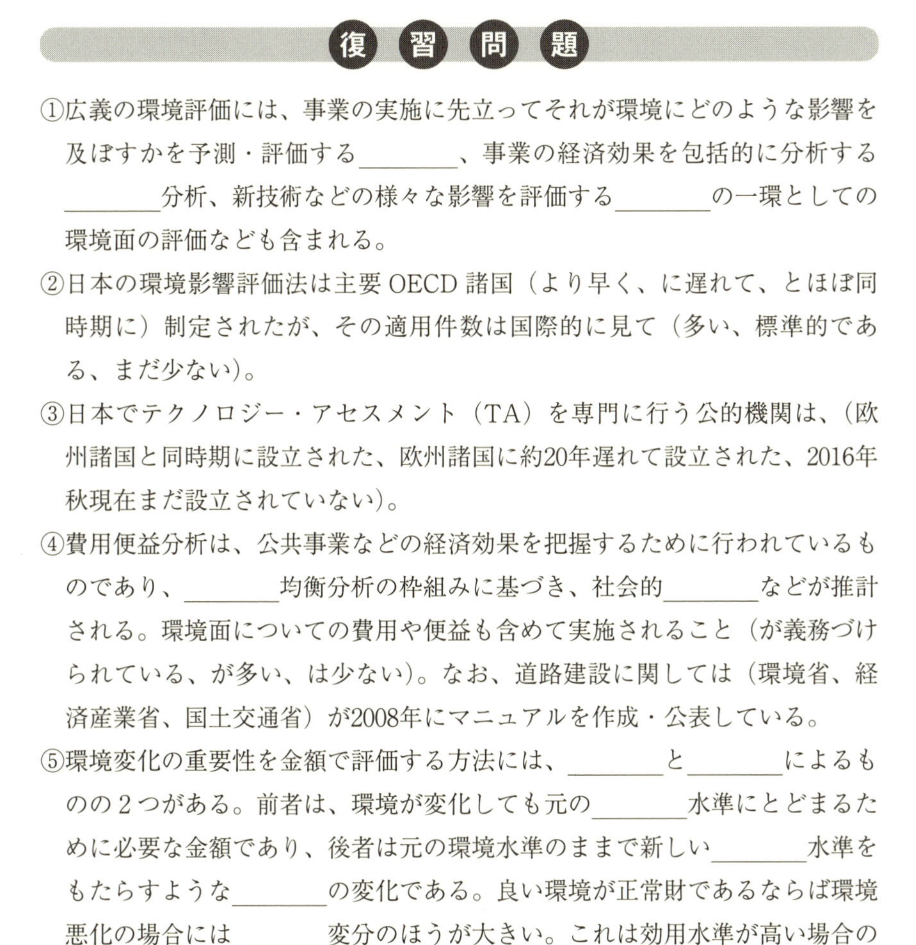

復習問題

①広義の環境評価には、事業の実施に先立ってそれが環境にどのような影響を及ぼすかを予測・評価する_______、事業の経済効果を包括的に分析する_______分析、新技術などの様々な影響を評価する_______の一環としての環境面の評価なども含まれる。

②日本の環境影響評価法は主要OECD諸国（より早く、に遅れて、とほぼ同時期に）制定されたが、その適用件数は国際的に見て（多い、標準的である、まだ少ない）。

③日本でテクノロジー・アセスメント（TA）を専門に行う公的機関は、（欧州諸国と同時期に設立された、欧州諸国に約20年遅れて設立された、2016年秋現在まだ設立されていない）。

④費用便益分析は、公共事業などの経済効果を把握するために行われているものであり、_______均衡分析の枠組みに基づき、社会的_______などが推計される。環境面についての費用や便益も含めて実施されること（が義務づけられている、が多い、は少ない）。なお、道路建設に関しては（環境省、経済産業省、国土交通省）が2008年にマニュアルを作成・公表している。

⑤環境変化の重要性を金額で評価する方法には、_______と_______によるものの２つがある。前者は、環境が変化しても元の_______水準にとどまるために必要な金額であり、後者は元の環境水準のままで新しい_______水準をもたらすような_______の変化である。良い環境が正常財であるならば環境悪化の場合には_______変分のほうが大きい。これは効用水準が高い場合のほうが、環境変化の金額評価が_______いためである。

第10章

環境の経済的価値

日本のような市場経済の下では、財やサービスの価値は市場で取引される価格を基準として考えられることが多いが、清浄な大気や汚染されていない河川などの環境資源は市場では取引されていない。

自然公園には入場料を取るところもあるが、それが価値を適切に表しているわけでは必ずしもない。原油などの枯渇性資源は市場で取引されてはいるが、その価格は大きく変動し、価値を適切に表しているのかについても疑問が残る。

価値評価は、個人によって差があるのが普通である。価値観や体質などが個人ごとに異なっているからである。本章では、環境や各種資源の価値を評価する様々な方法について説明する。

キーワード

顕示選好法　表明選好法　非利用価値　トラベル・コスト法
ヘドニック法　仮想評価法（CVM）　バイアス　便益移転法
コンジョイント法　確率的生命価値　逸失利益

1　2つの手法とその長所と短所

狭義の環境評価の手法は、顕示選好法と表明選好法に大別される。

顕示選好法とは人々の行動や価格を「観測」して、人々の評価を推計する方法であり、**表明選好法**とは人々に評価を「聞いて」算定する方法である。

顕示選好法の長所は、人々の行動や価格の観測に基づくので、客観性が高いことである。弱点としては、実際に使われていないものに関しては評価ができないことである。例えば、自然環境保護のために立ち入り禁止にしている原野の価値や、現在の技術では採掘できないが埋蔵が確認されている鉱物資源の価値などは推計することはできない。

一方、表明選好法の長所は、人々が想像しうるものであれば、どのようなものでも評価が可能であることである。すなわち、**非利用価値**も推計できることが大きな利点である。上記の原野や鉱物資源の2例はもちろんのこと、例えば原子炉事故の処理で生じた汚染水からトリチウム（三重水素）を除去する技術が仮に利用可能になった場合の価値であるとか、想定される洪水の被害額など、具体的に想像が可能であるものは何でも推計可能である。弱点としては、様々なバイアスの可能性があることである。

もちろん顕示選好法の場合でも自分の行動が観察されていて、それが何らかの判断の材料になることを知っていれば、そのことが行動に影響を及ぼすことがありうるので、バイアスが皆無であるとは言えないが、後で説明するように表明選好法の場合にはバイアスの程度がずっと深刻になる可能性がある。

2　顕示選好法

顕示選好法（Revealed Preference）にはいくつかの手法がある。代表的な2つを取り上げてみよう。

(1) トラベル・コスト法

「わざわざ交通費と時間をかけて観光しに行くのは、人々がそれだけの価値を見出しているからである」という発想が**トラベル・コスト法**の基本である。特定の観光地（例えば森林公園）を訪れることに対する需要曲線を考えてみよう。居住地が遠いほど移動のための費用や時間がかかるので、同じ価値を見出している人でも遠くに住んでいる人ほど訪問頻度は低くなるであろう。この関係を計測すれば、消費者余剰を求めることができる。そして、実際に使われた費用（交通費や時間コスト）と消費者余剰を合わせたものが、この観光地の価値であると考えるのである。

議論を簡単にするために、人口が均等に分布していて、人々の嗜好に個人差がないとしよう。その場合には、ある森林公園への訪問頻度は図表10-1のように同心円状になるはずである。ここで、年0回と年1回の領域の境界線（図の A 点）に住んでいる人は、年に一度行くことのメリットと、そのための手間や交通費がちょうど拮抗していると考えられる。しかし、それよりも少し内側の B 点に住んでいる人は、A 点より森林公園に近く、交通費や移動時間のコストが低いので、図表10-2のように消費者余剰を享受しているはずである。

このようにして消費者余剰を推計して、実際に費やされた交通費や時間コストなどと合計すれば、消費者から見たこの森林公園の価値を推計することができる。

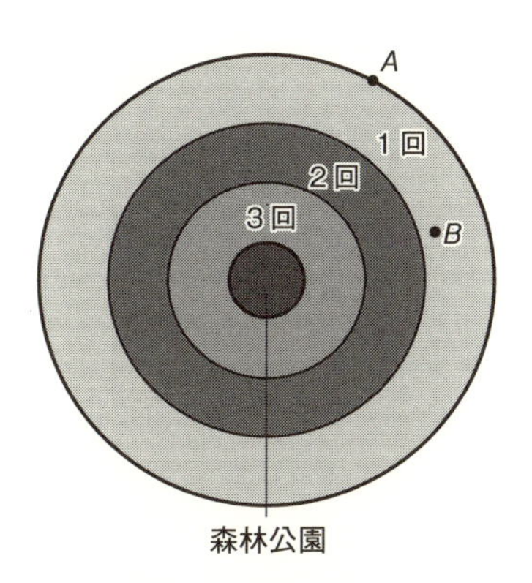

図表10-1　森林公園への訪問頻度：年に何回行くか？

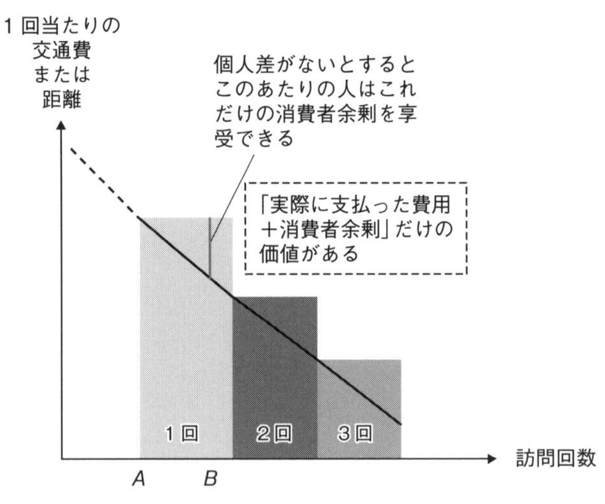

図表10-2　消費者余剰の計算

このような推計の弱点と課題について考えてみよう。まず、「利用しなくても特に困るわけではないが、利用するために費用をかけている」、という状況の下での推計であるので、重要で本質的な財やサービスの価値は推計できない、ということである。

すべての人が利用せざるをえないようなもの、例えば飲料水のようなものに関しては、図表10-1の*A*点のような人はいないので、推計は困難である。また、オンサイト・サンプリング（来訪者のみの観察に基づくこと）で調査するとすれば、それに由来するバイアスもあるであろう。人々は現実には均一な嗜好を持っているわけではなく、来場者は森林公園が好きな人々に偏っている可能性があり、これが価値の過大評価につながる可能性である。さらにトラベル・コスト法では、外部不経済の評価はできない。森林公園の近くに住む住民は、蚊やハエ、あるいは害獣の被害をこうむっているかもしれない。

より技術的な問題としては、旅行には「買い物のついでに森林公園に行く」というような複数の目的があるかもしれないことがあげられる。その場合には目的の重要性に応じて交通費や消費者余剰の配分などが必要になるかもしれない。さらに、類似地との競合をどのように考えるかも問題になる。上記の例で言えば、別の森林公園が近くにあって、そちらに行くこによっても、森林浴という需要が満たされるとすれば、全部の森林公園を一括して扱うモデルが必要になるだろう。また、どこまでを費用に含めるかについても議論の余地があるだろう。ガソリン代、自動車の維持費、時間コストなどは費用に含まれるとしても、外食代、お土産代などが費用に含まれるのか、その取り扱いは微妙であろう。

(2) ヘドニック法

ヘドニック法とは、様々な特性の影響を重回帰分析などによって推定する方法である。例えば、住宅価格を、広さ、築年数、都心からの距離、狭義の環境（大気汚染、騒音、振動、……）などの様々な要因から説明することである。その結果から、環境要因がどの程度重視（評価）されているかを推計することができる。大気汚染についての計測例が多い。

例えば、筆者らはかつて、中古マンションの取引価格のデータベースを用いて沿線別の価格差について計測した。[1)]その例を示すと、中野駅前の60 m^2 の新

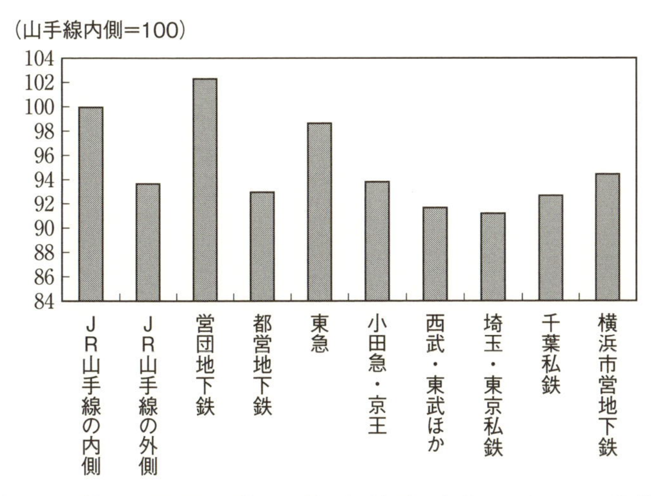

図表10-3　様々な要因を調整した後の沿線別の中古マンションの価格差

1)　大守隆・上坂卓郎・大日向寛文（2001）「品質調整済不動産価格指数の実証研究」『応用地域学研究』6、pp. 111-121。

築マンションの1999年10月の理論価格は4,305万円であった。築年数が5年になると、3,867万円、都心（新宿駅）からの距離が5キロメートルではなく、20キロメートルなばら3,746万円、駅前ではなく徒歩10分ならば4,095万円などとそれぞれの要因の影響を推計できる。

しかし、こうした説明要因を調整した後でも、なお図表10-3のように沿線別の価格差が残った。これは残差であるので、説明変数として取り上げたもの以外の影響と考えられる。ざっと見ると地盤など災害に強そうなところの価格が高めであるようにも見えるが、沿線のブランド・イメージに影響を受けている可能性もある。

このような手法の弱点は、想定した理論モデルが適切でない場合には、その結果にバイアス（歪み）が生じることである。特に重要な要因を見落としている場合には、それに近い動きをする変数の重要度が見かけ上大きくなる。また、相互に似たような動きをする変数があると、それぞれの影響を分離して計測することが困難になる。例えば、環境が良い宅地には大きな住宅が建設されるという関係が強い時には、住宅価格に及ぼす環境と広さの影響をうまく分離することはできない。

3　表明選好法

表明選好法（Stated Preference）の中でも代表的な評価方法をいくつか紹介しよう。まず中心になるのは、仮想評価法である。

（1）仮想評価法

仮想評価法（**CVM**：Contingent Valuation Method）とは、以下の例のような質問項目に答えてもらう方法である。

例①：「今検討されている開発が実施されると、＊＊＊のような事態になると予想されます。あなたはこれをやめて現在の生態系を守るためならば、いくら支払ってもかまわないと思いますか？」

　　答「年間＿＿＿＿円」

このような問いに対する答えをWTP（支払い意思額）と呼び、

生態系の価値＝WTP×対象世帯数×対象期間

という式で推計するのである。

別の例としては、

例②：「今回のようなタンカー事故を防ぐための対策としては＊＊＊があります。この対策を実施する場合には、あなたの世帯の税金が今年だけ△△ドル上昇します。あなたはこの対策に賛成しますか？」

　　答「賛成、反対」

この金額欄（△△）にいくつか異なる数字を入れ、回答の分布から平均的な支払い意思額を推定し、後は上記と同様にして推計を行う。

もう1つ例を出そう。

例③：「環境汚染が生じてしまいました。あなたはどの程度の補償を求めますか？」

　　答「年間＿＿＿＿円」

このような問いに対する答えをWTA（受け取り補償額）と呼ぶ。

このような手法が有効かどうかについて、アメリカで損害賠償裁判をめぐって大きな論争があった。以下はその経緯である。

実例：バルディーズ号事件

①1989年にアラスカ沖でエクソン社のタンカー「バルディーズ号」が座礁し、大量の原油が海に流出し、多くの野生動物が死ぬなど深刻な環境被害があった。この事故に関して上記②の手法が適用され、推定結果は1世帯当たり

31ドルで、総額28億ドルとなった。

②この数字は損害賠償裁判でも考慮され、エクソン社は生態系被害額として11億ドルを支払うことになった。

③産業界は危機感を強め、CVM批判のシンポジウムなどを開催した。

④国家海洋大気管理局（NOAA）が有識者を集めてCVMの信頼性に関して検討し、信頼しうるとの結論を出すと同時にガイドラインを作成した（後述）。

なお、タンカー事故に関しては国際条約があり、責任限度額が段階的に引き上げられてきた。

仮想評価法は、日本でも、屋久島の保全などを対象にしたものなど多くの実施例がある。また公共事業のプラス効果の評価（例えばダム建設による災害防止など）に対して用いられることも多い。

この手法の長所は、表明選好法であるので非利用価値も推定できることである。しかし、弱点としては、相当の調査コストがかかることに加え、回答には様々な**バイアス**があることがあげられる。以下に列挙すると、

(1) 仮想的状況の記述が不正確、不十分であることによるもの。

(2) 戦略的バイアス（金額を大きく答えると政策実施の確率が高まると考えて小さ目に答える、あるいは逆にどうせ支払わないのだからと迷惑を大げさに答える）。

(3) 追従バイアス（「そうですね、環境は大事ですよね」というように質問者の意図を忖度して賛同を示す）。

(4) 慈善バイアス（何であれ寄付行為には積極的です、という姿勢を見せたがる人がいる）。

(5) 範囲バイアス（金額の選択肢の中で両端のものは選びにくく、中間的なものが選択される傾向がある）。

こうしたバイアスの存在のほかにも、仮想評価法の問題点としては、聞き方によって、結果に大きな乖離が生じることが知られている。特に、WTA（受け取り補償額）はWTP（支払い意思額）より大きく回答される傾向があり、

5倍程度の差は珍しくない。その理由としては、第9章「環境評価」で説明した所得効果もあげられるが、それだけではこの大きな差は説明しにくい。行動経済学（コラム①を参照）が主張する損失回避性（損失は同額の利益より大きく評価されること）が影響していると考えられる。

さて、上記のアメリカの国家海洋大気管理局（NOAA）のガイドラインの主要ポイントは、以下のようなものであった。

(1) 郵送より個人面接を行うこと
(2) WTA より WTP を用いること
(3) 破壊されない他の環境資源があることにも言及すること
(4) 事故から十分な時間が経過した後に調査を行うこと
(5) 異なる時点で評価し、平均を取ること
(6)「答えたくない」という選択肢も用意すること
(7) 賛否の理由も尋ねること

また、将来的課題としては、

(8) 代替的支出の可能性を意識させること（そのお金があれば2人で豪華な夕食が食べられるなど）、
(9) 倫理的満足の影響を取り除くこと

などをあげている。

日本の国土交通省も2009年7月に「仮想的市場評価法（CVM）適用の指針」[2)]という文書を作成・公表している。この中には以下のような記述が見られ、概して使用には慎重である。

「CVM で推計される便益の精度には、まだ課題が残されていることを踏まえ、CVM を用いて事業評価を行う場合には、費用便益分析結果のみで事業実施の可否を判断せず、多様な視点で評価を行うことにより一層の配慮を行う等、慎重な対応が必要である。」

「CVM 以外の便益計測手法の適用可能性についても十分に検討する等、慎

---

2) 国土交通省「仮想的市場評価法（CVM）適用の指針」2009年7月。

コラム① ▶行動経済学

第１章「環境とエネルギーの経済学では何を学び、何を問題にするのか」で解説したような単純な諸原理ではなく、人間行動の観察に基づく知見を得て、その知見に基づいて議論を組み立てていこうとするのが行動経済学である。損失回避性のほかにも、アンケートの答えは聞き方に依存することなどを解明し、環境・エネルギー分野への応用可能性も多い。

有名な応用例はノーベル経済学賞受賞者のヴィックリー教授が考えたセカンド・プライス・オークション（最高値を付けた人が落札するが、支払い額は二番札の値段にする方式）で、人々が正直な値付けをするのでバイアス（歪み）がないことが証明され、実用化もされている。

重な対応が必要である」

「各手法を比較し、その上でCVMを適用することが妥当であると判断した場合にのみ、CVMを適用する。」

なお、CVMに関しては以下のような議論もある。

①私的財と公共財

環境は多くの場合に公共財的性格を持っているので、消費者の枠組みで利用者としての評価を聞くのか、市民の枠組みで社会にとっての望ましさを聞くのかについて区別をすることが重要ではないか。

②仮想的状況をどのように理解してもらうのか？

集団討議によって、仮想的な状況の得失をよく理解したうえで回答してもらうのがよいのではないか。

（2）便益移転法

便益移転法（benefit transfer）は、他の地域についての調査成果を転用して推計をする方法である。例えば、森林について単位面積当たりあるいは１世帯当たりのWTPの額を出して他の森林に応用するものである。事例を集めたうえで様々な特性の影響をモデル化（便益関数）して係数を推計したうえで適用することもできる。

この方法は、CVMのようにアンケートを行わなくてもよいので、調査コストが安いという長所がある反面で、対象が類似していない場合には正確さが低下するという弱点がある。良いモデルを作るためには、多くのCVMによる調査事例の蓄積が必要である。

(3) コンジョイント法

コンジョイント法もCVMの発展形であり、マーケット・リサーチの分野で開発された手法の応用である。CVMは1つのシナリオと1つの負担額を組み合わせて人々に尋ねるものであるが、コンジョイント法ではこれに対して、いくつかの属性（例えば、負担額に加えて、レクリエーション、健康被害防止、干潟保全、漁港維持の程度など）をセットにしたシナリオ（選択肢）を複数用意し、人々に優先順位をつけてもらう。例えば図表10-4のようなカードをシナリオごとに用意し、望ましい順にシナリオを並べ替えてもらう。回答が十分に多く集まれば、どの特性がどの程度評価されているのかを分析できるので便益移転法にも応用できる。

コンジョイント法の長所は、1つの調査で様々な特性に関する評価を推計できることである。弱点は回答者の負担が重いことであり、金額や様々な特性を勘案しながら選択肢の優先順位を考えることは相当大変な作業である。

カードD	カードG
負担額：毎年100ドル	負担額：毎年0ドル
水　質：泳げる程度	水　質：魚が住める程度
漁　業：組合員のみ	漁　業：困難
干　潟：現況の8割保全	干　潟：現況の3割保全

図表10-4　コンジョイント法のイメージ

4 健康や生命の価値

これまで説明してきたような環境評価の手法は、健康や生命の価値の評価にも応用されている。もとより健康や生命はかけがえのないものであるが、環境の変化や公共事業などによってそれらに対するリスクが影響を受けることも事実である。

(1) 仮想評価法の応用

死亡リスク削減に関するWTP（支払い意思額）から逆算すれば、生命の価値を推計することができる。例えば、「水道水中の有害物質を除去する器具があります。今後10年間これを使用することによってあなたの死亡確率を千分の××から千分の○○に減らすことができます。この製品の使用料が毎年△△円で、10年間ではその10倍である時に、あなたはこの器具を使いますか？」といった質問をし、これから逆算して、生命の価値を推計するのである。料金を提示して、「どの程度死亡確率が低下するならば、この器具を購入しますか？」という聞き方をすることもできる。

こうした情報から推計した生命の価値を**確率的生命価値**と呼ぶ。これは、死亡確率の比較的小さな変化に対する金銭的評価を外挿したものであり、1人の生命そのものを評価したものではないことを示した表現であるが、この手法による計測例を見ると交通事故による損害賠償額（コラム②を参照）に比べてしばしば大きい推計値が得られる。自分や家族の生命に関する問いからの推計であることが、その1つの理由ではないかと考えられる。

(2) 顕示選好法の応用

一方、顕示選好法による推計も可能である。例えば、危険な仕事ほど賃金が高いことから確率的生命価値を推計するもので、欧米では盛んに行われている。しかし、日本では、事故率が高い仕事の賃金が高いとは言えないとの調査結果もあり、こうした推計は困難である。日本の労働市場が分断されていて流

コラム 2 ▶交通事故の損害賠償額

交通事故に伴う損害賠償額の算定に関してはかなりマニュアル化がされており、試算ができるインターネット・サイトもある。死亡に関して用いられるのは、**逸失利益**という発想のものが多い。これは、年収、年齢、生活費控除率、利子率などによって計算される。

例えば30歳大卒男性で、年収654万円、生活費控除率30%、年利率５％（複利）、ならば

654万円×(1−0.3)×16.711＝7,656万円

といった計算がなされる。ここで、16.711は67歳までの37年間に対応するライプニッツ係数（将来の価値を複利の考え方で現在価値に変換するための数値）である。このほかに慰謝料もあるが、これも一家の主柱であるかどうかによって差がある。

なお、将来に得られたであろう収入を割り引く方法としては、上記のライプニッツ方式（複利）のほかにホフマン方式（単利）があり、現在価値は後者のほうが大きくなる。計算は後者のほうが容易であるが、近年では、年５％の民事法定利率を用いたライプニッツ方式を用いることが多くなっていた。民事法定利率とは民法で定められた利率であるが、市場金利の低迷が続く中で、引き下げや変動金利への移行が検討されている。

動性が低いからである。この手法はまた、サンプルがやや特殊な職業の男性に偏ってしまうという限界もある。

復習問題

①狭義の環境評価は特定の環境資源の＿＿＿＿を評価することであるが、その手法は＿＿＿＿選好法と＿＿＿＿選好法に大別される。前者は人々の行動や価格などの＿＿＿＿に基づいて評価を行うものであり、＿＿＿＿性が高いという利点がある。後者は人々に環境の価値に対する評価を＿＿＿＿ものであり、弱点もあるが、観光や農業などに具体的に利用されていないものの価値、すなわち非＿＿＿＿価値も計測できるという利点がある。

②人々がどれだけの＿＿＿＿や時間などを費やして観光などを行っているかを調べて、環境の価値を推計する方法は＿＿＿＿法と呼ばれている。また、環境が不動産価格や地代に与える影響を回帰分析などで推定する方法を＿＿＿＿法と呼ぶ。どちらも＿＿＿＿選好法に分類される。これに対して、特定の状況を想定して人々に環境価値の評価を直接聞くのが＿＿＿＿法（略して＿＿＿＿法）であり、これは＿＿＿＿選好法に分類される。この方法は、利用されていないものも含めて、何にでも適用できるという利点があるが、一方で様々な＿＿＿＿がありえることが指摘されている。そこでそれを小さくしたり補正したりする研究も行われている。この手法は、アラスカ原油を運搬していたタンカーである＿＿＿＿号事件の裁判で参考にされたことから、注目度が大きく高まった。

③環境の価値の評価金額に関する回答には2種類がありWT＿＿＿＿はWT＿＿＿＿に比べ相当大きいことが知られている。その理由としては＿＿＿＿効果に加えて、人々が＿＿＿＿を＿＿＿＿よりも強く認識する性向があることが指摘されている。こうしたことを踏まえて、仮想評価法についての＿＿＿＿がアメリカで作成された。日本でも2009年に＿＿＿＿省が「適用の指針」を作成している。

④環境は＿＿＿＿財の性格を持つことが多いので、仮想評価法でも私的な財と区別した聞き方や価値の推計が必要であるという議論もある。また、状況の＿＿＿＿が正確に共有されることが重要なので、＿＿＿＿討議を組み合わせる試みも行われている。

⑤仮想評価法の戦略的バイアスを減らしたり、修正したりするために、実験経済学や＿＿＿＿経済学の成果を活用しようという動きもある。

⑥仮想評価法の事例の蓄積に基づいて、既存の計測値を＿＿＿＿して新しい事例の推計を行おうとするのが＿＿＿＿法であるが、これが有効にできるためには元となる事例と新規事例との＿＿＿＿性が前提となる。

⑦＿＿＿＿法は市場調査の手法を応用して、＿＿＿＿の属性に関してそれぞれの価値を一括して評価しようとするものであるが、＿＿＿＿の負担が重くなるという問題がある。

⑧交通事故死などの損害賠償額を評価する際には、＿＿＿＿という発想が用い

られている。これは、その人が生き続けていた場合に得られるであろう________に基づいて推計するものである。これに対し、死亡確率を低下させるために人々がどれだけの支出をする用意があるかを基に生命価値を推計したものを________と呼ぶ。

⑨後者は、交通事故死などでの損害賠償額に比べて、________いことが多い。その理由の１つは、________や家族の生命を念頭に置いた回答に基づいて推計しているためだと思われる。

⑩こうした推計は、例えば賃金などを用いて________選好法によって行うこともできるが、日本では、危険な仕事の賃金は、そうでない仕事に比べて必ずしも________くはない。

第11章

環境とエネルギーの技術

技術の進歩に伴って、昔に比べて産業活動などのエネルギー効率は改善している。また、エネルギーや各種の資源がどの程度使われるかは、それらの価格にも影響を受け、価格が高い時には、省資源・省エネルギーの動きも強まる。さらに、エネルギー事情や環境制約が変化した時には、既存の施設がどの程度転用可能であるのか、ということが大きな意味を持つこともある。

本章では、生産関数という概念を導入したうえで、こうした様々な要因がどのように整理できるのか、また計量分析などではどのように想定されているのか、について述べる。

キーワード

生産関数　収穫一定　規模の経済　技術進歩　等量線　代替　限界代替率　代替の弾力性　パテ・クレイ　パテ・パテ　クレイ・クレイ　期待　バックストップ・テクノロジー　産業連関表

1　生産と技術

（1）生産関数

生産関数とは、生産に必要な生産要素、具体的には労働（L）、資本（K）、エネルギー（E）などの投入量（利用量）と生産量（Y）との関係を表したものである。通常、より多くの生産要素を使えば、より多くの生産をすることができる。生産関数は、

$$Y=F(L, K, E)$$

のような形で書かれる。

環境やエネルギーを議論する場合には、このようにエネルギーを生産要素として明示的に考えることが多い。またエネルギー以外の原材料をＭという文字で表して区別することもある。

最もポピュラーな生産関数はコブ=ダグラス型生産関数であり、資本と労働の２つを生産要素とすれば、

$$Y=AK^{\alpha}L^{\beta}$$

と書かれる。α と β は定数で、左辺が日本全体の GDP の場合には、α は0.3前後、β は0.7前後という計測例が多い。

（2）規模の経済――収穫一定、収穫逓減、収穫逓増

規模の経済とは、生産を大規模に行うことによって生産効率が改善されるかどうかに関する概念である。例えば、生産要素の投入量をすべてについて s 倍した時には Y は何倍に増えるだろうか？

ちょうど s 倍増える時：収穫一定あるいは規模の経済はないと言う。

もっと増える時：　　　収穫逓増、あるいは規模の経済があると言う。

s 倍まで増えない時：　収穫逓減、あるいは規模の不経済があると言う。

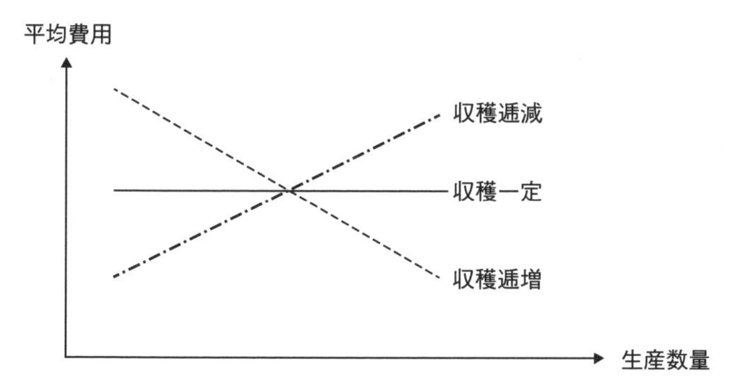

図表11-1　規模の経済の3つのパターン

図表11-1に示したように、平均費用（＝総費用÷生産数量）はそれぞれの場合で、生産量の増加とともに一定であったり、減少したり、増加したりする。

また、

費用＝固定費＋一定の変動費

という場合は収穫逓増の一種ということになる。

一般的な企業や産業の状況に関する伝統的な経済学の想定は、この3つの中のどれであろうか？　答を先に書くと、企業については上の3つのどれでもなく、その組み合わせである。産業や国全体のGDPなどについては1つ目の収穫一定である。なぜそうなのかについて説明しよう。

①規模の経済がある場合

この場合には大規模な生産ほど有利になるので、他の条件が同じであれば、大企業が有利なため、小企業との競争に勝ち、放置すると企業は巨大化する。しかし、そうなると、第2章「外部性の経済学」で見たように、独占や寡占の弊害が生まれる。すなわち、競争的な状態に比べて、価格は高く設定され、供給数量が少なくなり、社会的余剰も小さくなる。

こうしたことから、規模の経済のある産業については、独占や寡占を容認する代わりに、公的な規制が行われることが多い。典型的な例が電力産業である。

②規模の不経済がある場合

この場合には小規模な生産ほど有利になるので、商業的な大量生産よりも、自給的な小量生産のほうが効率が良い。したがってこのような条件が当てはまる財やサービスは、自給的活動によって供給されることになる。例えば、多くの人は、洋服を着るとか、食事を口に運ぶという活動は、外部のサービスに頼らず、自分で行っている。

③企業に関する標準的な想定

電力産業のような一部の産業を除けば、伝統的な経済学が想定しているのは、企業や事業所については①でも②でもなく、その組み合わせである、具体的には、図表11-2のように、ある生産数量までは収穫逓増で、そこから収穫逓減に転じるというパターンである。その転換点が、効率が最も良い最適規模である。だからこそ、（全面的に収穫逓減である場合とは異なり）企業活動が成立するし、かつ（全面的に収穫逓増である場合とは異なり）企業規模は有限になると考えられるのである。

④産業や経済全体に関する標準的な想定

一方、産業全体では、自由参入の下で、その最適規模の企業が多く並存すると考えられている。ある産業に何社が並存するかは、需要側の要因で決まる。図表11-3はそうした状況を図示したものである。1つひとつの企業の平均費用関数は図表11-2と同じであるが、横軸方向に圧縮して表示されている。各企業は最適規模で生産することで生き残っていくことができ、財やサービスの価格は競争を通じてその水準に定まる。そして、その価格に対応して需要量が決まるので、その産業が何社で供給されることになるかが決まる、と考える。

このため、産業全体、または一国経済全体の生産関数は、収穫一定と考えられる。なぜなら、例えば需要が増加して生産が増える場合には、上記の最適規模における工場や会社の数が増えると考えられるからである。厳密に言えば、企業数は整数でなければならないという議論はありうるが、産業内には十分に多くの企業がいると想定し、その話は無視できると考えよう。このため、産業全体の生産が増えても、効率は変わらず、平均費用は図表11-3の網掛けでお

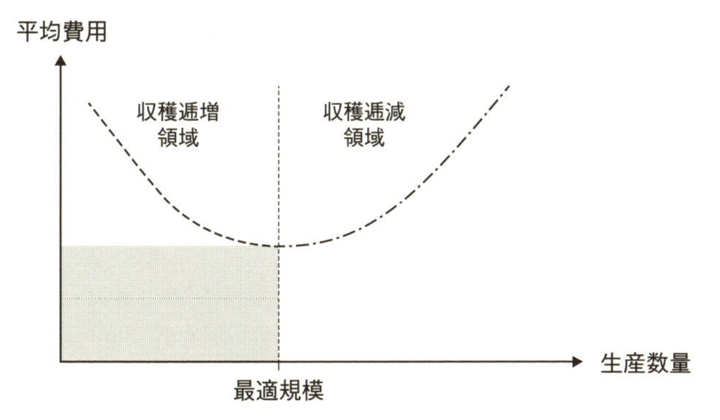

図表11-2　企業や事業所の平均費用

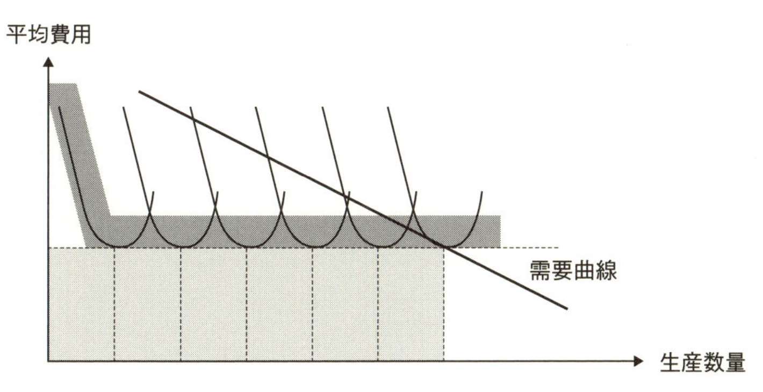

図表11-3　産業や経済全体の平均費用

おざっぱに示したように企業数が増えてくると水平になる。

こうした発想から、通常の経済モデルでは、国全体や産業の生産関数は収穫一定との仮定を置いている。

したがって、上述の生産関数、

$$Y=AK^{\alpha}L^{\beta}$$

においても $\alpha+\beta=1$ と仮定されることが多い。そうすれば K と L がそれぞれ s 倍になった時には、Y も s 倍になるからである。

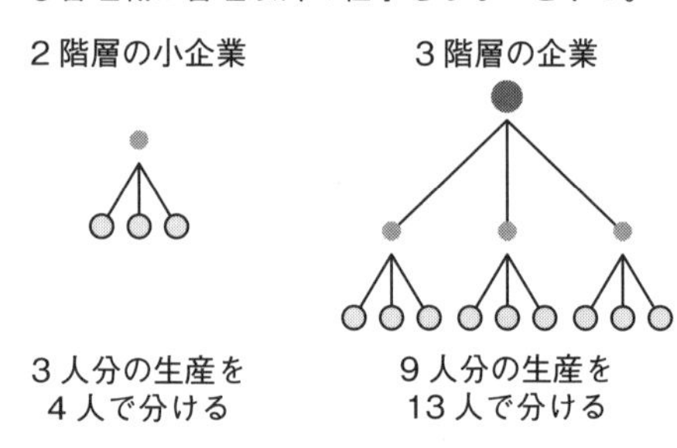

図表11-4　単純な管理費用のモデル

⑤規模の経済・不経済の理由

ここで、企業や事業所レベルでの収穫逓増や収穫逓減がどのような理由で起きるかを考えてみよう。まず、技術的な理由からは規模の不経済は考えにくい。なぜなら同じ工場を２つ作れば、２倍の生産はできそうだからである。そして２つの工場を並べて作って、共同利用で節約する部分があれば規模の経済が発生する。しかし、企業が大きくなると、管理や調整のためのコストが増加したり、環境制約に突き当たったりして、平均費用が高くなることもある。

管理コストに関して模式的に表したものが図表11-4である。仮に１人の管理職が３人の部下を管理することとし、生産量は最下層の労働者の人数に比例すると考えれば、階層が２つしかない４人の企業では、３人分の生産の成果を４人で配分することになるが、階層が３つある企業では、９人分の成果を13人で配分することになり、効率は下がることになる。もちろん、実際には管理職の存在によって効率が上がる要素もあるので、現実はこれほど単純ではないが、中小企業に比べて大企業では意思決定により時間がかかったり、内部調整のコストが高かったりする傾向は普遍的に観察される。

⑥現実の経済

現実の経済ではどうであろうか？　潜在的には規模の経済のある分野は多く、大企業が有利な立場にあることが多いが、上記のようなマイナス要因も無視できない。また、企業が成長する際には、成長率に関して逓増的に費用がかかることも多い。これは企業が2倍のスピードで成長しようとすると資金調達、人材育成、市場開拓などの面で様々な無理が生じ、成長に伴うコストが2倍以上に増えることを意味する。こうしたことが、企業の大きさの制約要因になっていると考えられる。

(3) 技術革新と技術進歩

技術進歩とは、同じ生産要素の投入をした場合でも、より多くの生産ができるようになることや、これまでにはなかった製品やサービスを生産できるようになることである。以下では、前者の場合を説明する。同じ生産量をもたらすような生産要素の投入の組み合わせを結んだ線を**等量線**と呼び、通常、図表11-5のように原点に向かって凸の形をしていると想定される。技術進歩とはこの等量線が内側にシフトすることである。また

$$Y = AK^{\alpha} L^{\beta}$$

において係数Aが大きくなることであるととらえることもできる。

より厳密に言えば、技術進歩によって等量線が左方向にシフトする場合もあ

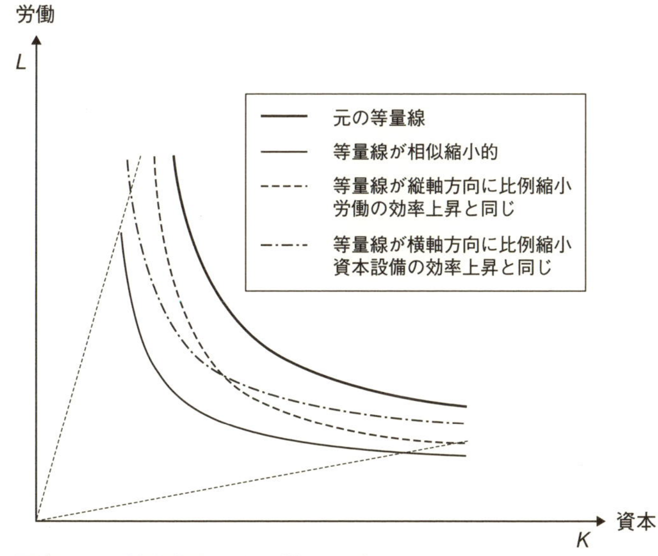

図表11-5　技術進歩とその様々な型

るし、下方向にシフトする場合もある。前者の場合にはより少ない資本設備で同じ生産ができることになるし、後者の場合にはより少ない労働投入で同じ生産ができることになる。また、原点に向かって相似的に縮小する場合もある。図表11-5にはそうした場合についても表示してあり、それぞれのタイプの技術進歩に名前が付けられていて様々な議論がある。

なお、生産の増加とともに効率が上昇した場合には、それが技術進歩によるのか、規模の経済によるのかは、データだけからは判断がつかないが、技術的な情報があれば判断がつく場合もある。

2　生産要素の代替

(1) 等量線と代替

ある生産要素の投入量を少し減らす代わりに、別の生産要素の投入量を増やすことで、生産量を減らさずに維持することはどの程度可能であろうか。この点は、過去の2度の石油危機の際に大きな焦点になった。エネルギーの使用を削減すると、その分だけ経済活動は縮小せざるをえないのか、あるいは、労働や資本の利用を増やすことで、経済活動の縮小度合いをより緩やかなものにとどめることが可能なのか、という問題に対応するからである。

この場合に問題になるのは、等量線がどの程度凸であるかである。図表11-6では資本と労働に関して、代替可能性のない場合とある場合を示している。左側のグラフでは、どちらかの生産要素の投入を減らした場合に、もう一方の生産要素の投入を増やしても埋め合わせることはできない。しかし、右側のグラフの場合には、それが可能である。

通常は、等量線は原点に凸であるとされている。その理由はある生産要素を別の生産要素で**代替**していくことがだんだん困難になっていくと考えられているからである。すなわち、減らす生産要素1単位当たりに対して、その代わりに追加するもう一方の生産要素の量がだんだん多く必要になってくる。これ

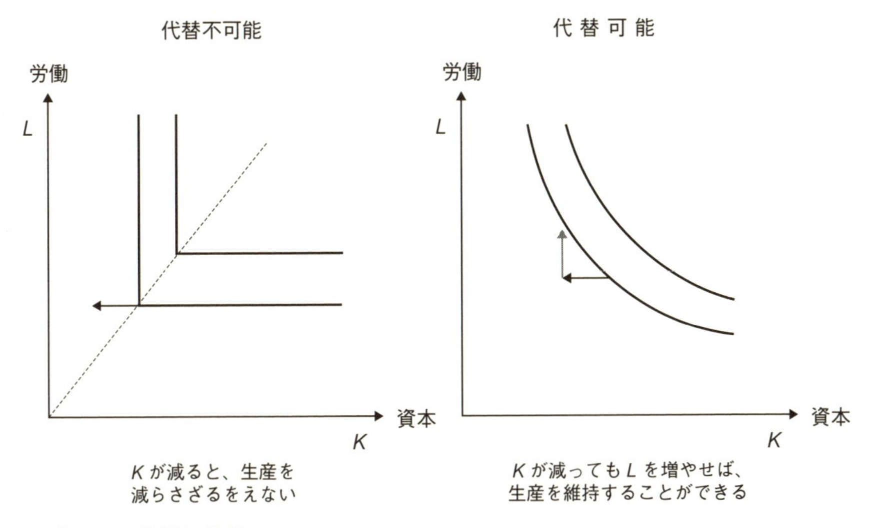

図表11-6　代替可能性

を、生産要素間の**限界代替率**の逓減と言う。その逓減の程度がどれだけ強いかが問題になる。逓減の程度が弱ければ代替は容易であるり、強ければ代替は困難ということになる。これを指標で表したものが「**代替の弾力性**」である。

代替の弾力性の数学的定義については本書では触れないが、以下のような直観的な解釈が有用である。

ある生産要素（例えばエネルギー）の価格が上昇した場合に、代替の弾力性が小さいと、別の生産要素への代替をそれほど進めることができない。このため総費用に占める当該生産要素（価格が上昇した生産要素、例えばエネルギー）のシェア（比率）は増加する（価格上昇の効果が勝る）ことになる。一方、代替の弾力性が大きいと、ある生産要素の価格が上昇しても、別の生産要素への代替が大きく進むので、価格が上昇した生産要素の投入量は大きく減ることになる。このため総費用に占める当該生産要素のシェアが低下する（数量減少の効果が勝る）ことになる。

両者の境界となるのが、シェア不変であり、この場合には、代替の弾力性は1になるように定義されている。

前述のコブ=ダグラス型の生産関数については代替の弾力性は1であること

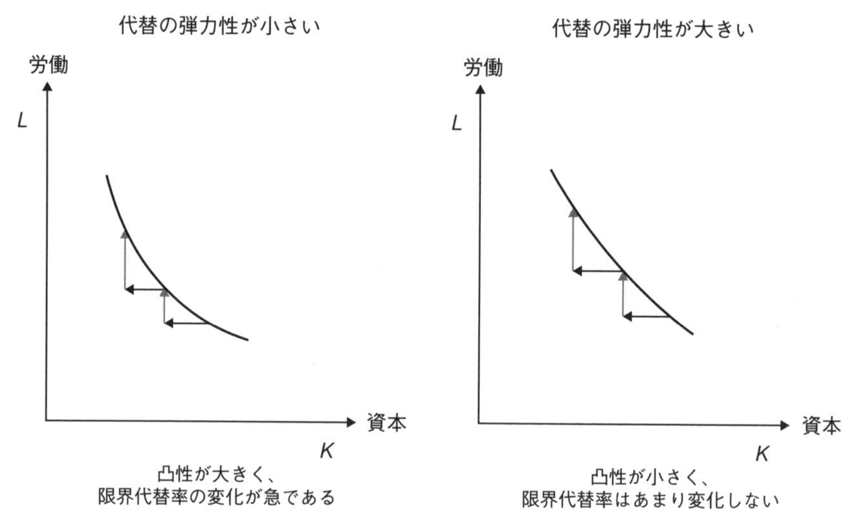

図表11-7　代替の弾力性

が知られており、費用の内訳のシェアは常に一定である。コブ=ダグラス型の関数は、資本と労働という2つの生産要素によってGDPを説明する生産関数としてよく用いられるが、GDPに占める雇用者所得（賃金など）の比率が長期的には大きく変わらないことに鑑みれば、それなりの妥当性を有していると言えよう。

エネルギーと他の生産要素との代替の弾力性については様々な分析が行われているが、2度の石油危機の経験から言えることは、エネルギー価格が上昇した場合には、多くの産業で少なくとも短期的には総費用に占めるエネルギー・コストの比率は相当上昇した。この意味では代替の弾力性はかなり小さいと言えよう。長期的には省エネルギー投資（資本への代替）が進んだが、それでもエネルギー・コスト比率はある程度は上昇した。

したがってこうした特性を持つエネルギーにコブ=ダグラス型の生産関数を用いるのは非現実的だということになる。そこで用いられるようになったのは、CES型と呼ばれる生産関数である。この型の生産関数は、代替の弾力性を1とは異なる任意の値に固定できるという特徴を持っている。これは、以下のような形をしている（δが代替の弾力性）。

$$Y = A\left[\alpha L^{\frac{\delta-1}{\delta}} + \beta K^{\frac{\delta-1}{\delta}} + \gamma E^{\frac{\delta-1}{\delta}}\right]^{\frac{\delta}{\delta-1}}$$

生産要素の数が3つ以上になると、何と何との代替関係を考えるか、ということで問題は複雑になる。しかし3つ以上の生産要素に関するCES型生産関数では、すべての組み合わせの間の弾力性が同じになってしまうという問題がある。2つの生産要素間の代替の弾力性が大きいということは両者が似ていると考えて、図表11-8では代替の弾力性の逆数を距離ととらえて描いているが、CES生産関数では、正三角形しか描けないのである。前述のように資本と労働の間の代替の弾力性は1からそう大きく離れていないことが知られているので、これを労働・資本・エネルギーの3要素からなる生産関数として用いることも現実的ではないことになる。

そこで、資本と労働に加えて、エネルギーも入れた3要素あるいは原材料も入れた4要素の生産関数で、それぞれの生産要素間の代替の弾力性を自由に指定するような生産関数はないのか、ということが問題になった。この問いの答えは、局所近似的には有るが、大局的には無い（生産関数の特性を満たさない）ということである。

局所近似の例がトランスログ生産関数であり、一時、計量モデル分析で多用

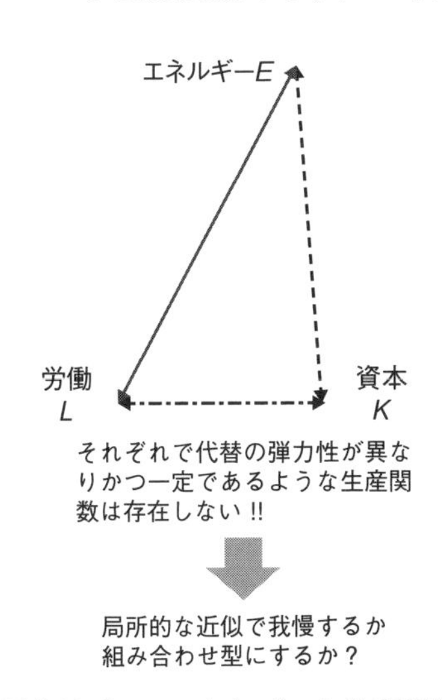

図表11-8　フレキシブルな生産関数

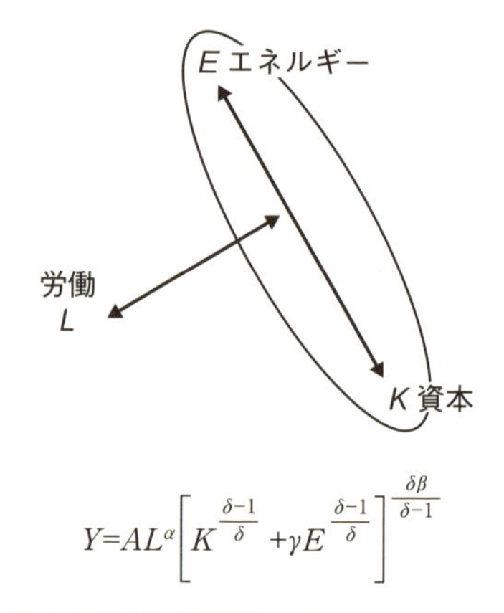

$$Y=AL^{\alpha}\left[K^{\frac{\delta-1}{\delta}}+\gamma E^{\frac{\delta-1}{\delta}}\right]^{\frac{\delta\beta}{\delta-1}}$$

図表11-9　入れ子型生産関数の例：*K* と *E* の CES 結合と *L* とをコブ=ダグラス型で組み合わせる

された。しかし、エネルギーの供給制約や価格上昇についてのシミュレーションにおいて、この生産関数を用いた結果、近似の範囲を外れてとんでもない状態になって計量分析の結果を歪めることが多発し、最近ではあまり用いられなくなった。

これに代わって、資本とエネルギーをまずひとまとめにし、そのまとまりと労働とを組み合わせるといったような組み合わせ型（入れ子型）の生産関数が用いられることもある。図表11-9はその例である。いずれにしても、エネルギーの供給制約や価格上昇があった場合には、代替の弾力性が過去と同じであるとすること自体が強すぎる仮定であろう。それよりは、技術的な情報をていねいに収集して定式化していくことが、現実的な方法であろう。ただし、企業から提供される技術情報は歪められている可能性があることにも注意が必要である。

(2) パテとクレイ

ところで、生産要素の組み合わせの変更がいつでも同じ程度に可能であるとは限らない。この点に注意することが重要である。**パテ**（putty）とは粘土のことであるが、形が変えられるという意味で使われており、生産要素の組み合わせが変えられることである。一方、**クレイ**（clay）とは、焼き物のように硬く、形は変わらないという意味で使われており、生産要素の組み合わせは変更不可ということである。そしてその２つの組み合わせによって、生産技術は以下のように分類できる。

①パテ・クレイ：生産設備の設計時には様々な組み合わせの可能性があるが、その中からある設備を選択すると、生産要素の組み合わせ比率は決まってしまう。

②パテ・パテ：設備を作った後でも、生産要素の組み合わせは可変である。

③クレイ・クレイ：最初から生産要素の組み合わせは固定的である。

いくつか例を見てみよう。

自動車には、ガソリン車、ハイブリッド車、電気自動車があり、メーカーが新車を設計したり、消費者が購入する段階では、どのような燃費のものにするかを選択することができるが、作って（選んで）しまったら、燃費は変えられない。工場や発電所の多くも同様である。こうした場合は、「パテ・クレイ」である。

一方、外食産業の中には、省力化機器の導入などで資本と労働の組み合わせを比較的柔軟に変えられるものもある。防塵設備なども後付け可能なものがある。このような場合には、投入比率は事後的にも変更可能であるので、「パテ・パテ」である。

他方、化学反応では、材料の組み合わせの比率が最初から決まっている。このような場合は、「クレイ・クレイ」である。

どのような状況を想定するかによって、例えばエネルギー・環境制約の意味合い（特に環境が変化した際の対応可能性）は変わってくる。

（3）期待要因との関係

パテ・クレイ型の生産技術の下では、例えば炭素税が急に導入されると、それを予想せずに作られた生産設備では省エネルギーへの対応を行うことができず、エネルギーの投入量を減らして他の生産要素で代替することは困難である。したがって、炭素税に関する負担増が大きくなる。しかし、十分な周知期間があれば、炭素税導入までの間の生産設備更新時に省エネルギー型の設備を導入することができるので、比較的円滑に対応ができる。したがって、炭素税の導入の効果を検証するモデル分析の場合でも、「予想された導入」なのか「突然の導入」なのかを区別することが重要になる。

3　バックストップ・テクノロジー

バックストップ・テクノロジー（バックストップ技術）とは、現状ではコスト面などから実用的ではないが、今使っている資源や技術が使えなくなった時には、コスト高にはなるが大規模に使える可能性のある技術のことである。エネルギーだけでなく、枯渇性の金属資源などに関して、潜在的に控えている技術という意味で用いられることもある。エネルギー資源に関しては、シェール・オイル、シェール・ガス、太陽光発電、核融合発電などが想定されることがある。

バックストップ価格とは、現在使われているものの価格がどこまで上昇すれば、バックストップ技術が発動されるのか、という概念であり、「原油価格が1バレル当たり○○ドルを超えれば太陽光発電が大幅に導入されるであろう」といった議論で想定される価格である。これによってエネルギー価格などの長期的な上限が与えられることになる。ただし、バックストップ技術が本格的に用いられるようになった場合には、それによって供給されるエネルギーなどのコストが現状と同じであるとは限らない。当該技術が大量に用いられることになると関連する部品が品薄になって値上がりする可能性もあるし、逆に量産化によってコスト・ダウンが起きて値下がりする可能性もあることに注意が必要である。

4　環境・エネルギー制約と経済成長

環境やエネルギー制約が経済成長に与える影響を見きわめることは、依然として重要なテーマであるが、この点に関するモデル分析は一時ほど盛んではなくなってしまった。分析によって結果に差は大きく、全体として社会からの信頼度が低まってしまったためだと考えられる。分析によって差が大きかった理由としては、

①生産関数や代替の弾力性の想定に差があったこと

②パテ・パテかパテ・クレイかに関する想定に差があったこと、

に加えて

コラム 1 ▶産業連関表

産業連関表は国全体の経済の動きを行列の形で表したものであり、全体はLの字を左に倒したような形をしている。上の部分を左から右にに見ていくと、各種の財やサービスがどのように使われたかがわかる。具体的には、生産活動のために使われた中間投入と、消費、設備投資、輸出などの最終需要に振り向けられた分とが区別される。一方、左側の部分を縦に見ていくと、財やサービスの生産額がどのように配分されたかがわかる。具体的には各種の材料の購入費や、労働の対価としての賃金などの金額が表示されている。

産業連関表は、対象期間に使われた技術を表すものではあるが、逆行列を用いた誘発係数などの分析は、暗黙の裡に中間投入財の間の代替可能性を排除している（図表11-6の右側のグラフのケースを想定している）ことに注意が必要である。

日本も含めて先進国では、数百部門からなる詳細な産業連関表が作成されているが、基礎統計の情報は完全ではなく、様々な想定を用いたり、補助調査の情報に頼ったりしながら推計されていることにも注意が必要である。

また、産業連関表とエネルギー・バランス表（第14章「日本のエネルギー政策」を参照）などの情報を組み合わせて、エネルギー利用や二酸化炭素発生に関する帰属計算（直接分だけでなく、部品の製造の際に他の産業活動で生じる間接分も含めて計算をすること）が行われることも多い。その場合には、通常の産業連関表では、中間投入を通じた分しか把握できず、利用した生産設備の製造過程でのエネルギー利用や二酸化炭素発生はとらえられていないことに注意が必要である。

③バックストップ・テクノロジーに関する想定に差があったこと
④炭素税などの税収の使い途に関する想定の違い
などが考えらる。これらの点に関して、情報開示を十分に行ったうえで、何が現実的な想定なのかについて究明する努力を続けることが重要である。

復習問題

①労働や資本ストックなどの生産＿＿＿＿の投入量と＿＿＿＿量の関係を関数で表したものを＿＿＿＿関数と言う。

②大規模生産ほど効率が良くなる場合、規模の＿＿＿＿があるとか収穫＿＿＿＿と言う。その逆の場合には、規模の＿＿＿＿があるとか収穫＿＿＿＿と言う。効率が生産規模に依存しない場合は、収穫＿＿＿＿と言う。

③通常の産業に関する伝統的な経済学の想定は、事業所や企業では、規模とともに収穫＿＿＿＿から＿＿＿＿に変わるので、生産には＿＿＿＿規模があるというものである。競争圧力の下では、この規模の企業しか生き残れない。産業全体では、こうした規模の企業の＿＿＿＿が増減しうるので、収穫＿＿＿＿という想定がなされる。

④技術進歩によって、同じ投入量でもより＿＿＿＿の生産が行えるようになる。これは等量線が＿＿＿＿方向にシフトすることを意味するが、その具体的なシフトの仕方には様々な可能性がある。なお、技術進歩によってこれまでなかったような新しい財やサービスが生産されるようになることもある。

⑤要素代替とは、例えばエネルギーの投入を減らす代わりに労働投入を増やして、生産量を一定に保つことである。通常はこうした代替を進めていくと、単位削減量当たりの代替要素の必要投入量は次第に＿＿＿＿なってくる。このことを＿＿＿＿の法則と呼ぶ。これは等量線が原点に対して＿＿＿＿であるために生じる。

⑥⑤の度合いがどの程度強いかを指標にしたものが、代替の＿＿＿＿であり、これが＿＿＿＿より＿＿＿＿いと、値上がりした生産要素は、他の生産要素で比較的容易に代替されるので、その投入量が大きく減少し、その生産要素のコスト・シェア（＝価格×投入数量／総コスト）は＿＿＿＿する。

⑦このような基準で見ると、少なくとも短期的には、エネルギーは他の生産要素との代替の弾力性は＿＿＿＿い。

⑧環境制約と経済成長との関係の分析に際しては、こうした代替可能性に関する情報を適切に評価する必要がある。過去の＿＿＿＿から得られた関係を延長して予想値とすることが正しいとは限らない。また、生産要素が３つ以上になると、伝統的な生産関数にそうした情報を反映させることは、必ずしも＿＿＿＿ではなく、過去には様々な混乱があった。

⑨生産設備を導入する以前は、生産要素を組み合わせる比率に様々な可能性があったとしても、特定の生産設備を導入すると、組み合わせの比率が固定されてしまう場合がある。このような場合を＿＿＿＿と呼ぶ。このような状況の下では、環境税の導入や規制などが前もって予想されている場合は、突然導入される場合に比べ困難が＿＿＿＿い。

⑩＿＿＿＿・テクノロジーとは、現在はコスト面などから主流の技術ではないが、潜在的には＿＿＿＿規模に導入されうる技術である。こうした技術が導入されるようになる価格水準を＿＿＿＿価格と呼ぶ。

第12章

経済成長・経済発展と環境

世界の様々な環境問題の現状を見ると、先進国より開発途上国で深刻になっている問題が多い。このことは、環境と成長とが二律背反であるとの見方が一面的であることを示唆している。

しかし、先進国でも、持続可能な成長が実現しているとは言えない。こうした中で、環境関連産業の成長率は高く、有望産業と考えられている。再生可能エネルギーやリサイクルなどの分野の重要性が高まっていることに加え、開発途上国でも潜在需要が大きいからである。

本章では、先進国の経済成長や開発途上国の経済発展と環境問題や環境ビジネスとのかかわりについて考えてみよう。

キーワード

持続可能な成長　環境と経済成長　グリーン・グロース
グリーン・ニューディール　開発と環境　貧困型環境問題
工業型環境問題　消費型環境問題　収奪型環境問題
環境クズネッツ仮説　環境 ODA　ミレニアム開発目標(MDGs)
持続可能な開発のための2030アジェンダ（SDGs）

1　持続可能な成長を実現するうえでの障害

第３章「枯渇性資源と持続可能性」で見たように、**持続可能な成長**の必要性に関する認識が高まり、持続可能な成長に関する様々な定義が考案されたにもかかわらず、多くの先進国においてもそれは実現されていない。資源の面でも枯渇性資源の利用は必ずしも抑制されておらず、環境の面でも、温室効果ガスの排出の抑制は緩慢であり、生物多様性の重要性に対する認識が高まっているにもかかわらず種の減少は加速している。これはなぜだろうか？

(1) 将来世代の不在

通常、指摘されるのは、将来世代がまだ生まれていないか、生まれていても若すぎて、社会での意思決定に参加できないということである。このことは確かに、現在の意思決定が現在の世代の利害を中心になされやすいことを意味している。しかし、このことが不可避的にもたらす影響は、それほど大きくない可能性がある。まずこの点について考えてみよう。

(2) 将来価格と現在価格の裁定

もし将来、何らかの資源が枯渇に瀕する場合には、その資源の価格は高騰するであろう。そうすると、そうした資源の枯渇が見通せる場合には、その少し前の時点での当該資源の価格も上昇するであろう。それを持っていさえすれば、将来には高く売れるからである。このような状況が見込まれるならば、さらにもう少し前の時点から、当該資源の価格は高くなることだろう。このように将来の資源価格と現在の資源価格は裁定を通じてつながっているはずである。これは、第３章で見たホテリングの定理と本質的には同じことである。すなわち、将来世代が現在は不在であったとしても、将来世代の状況が将来価格に対する期待形成の中で推測され、それが現在に影響を与えるという経路が存在する。ただし、この経路は完全なものではなく、現実に各種の資源の価格動向は、需給両面の様々な要因が変化する中で、投機的な思惑で大きく動くことも多い。価格の時間的裁定を円滑化させて、将来世代をめぐるエネルギーと環境の制約が現在に適切に影響を及ぼすようにしていくことは、重要な研究課題の１つであろう。

(3) 外部性と公共財

国税庁によれば2014年の相続税の課税価格の総計は11兆5,000億円であった。これは、基礎控除（2014年までは、１人当たり5,000万円＋相続人数×1,000万円）後の数字であり、課税対象となる被相続人（５万6,000人）１人当たりでは２億円強となるが、死亡者総数（約127万人）でこれを割ると905万円になる。遺産を遺す動機は、必ずしも子孫のためだけではなく、もっと生きるための準備として備えていた貯蓄が遺産になったとか、不時の出費に対して備えた貯蓄が結果として遺産になった面もあるだろう。しかし、１つの仮定として、そのような、いわば予備的動機に基づく貯蓄が遺産となった金額は基礎控除の範囲に収まっていると考えれば、上述の１人当たり905万円という数字は、「子孫に遺すための金額」の控えめな推計値であることになる。

これだけの金額を子孫のために残そうとしている人々は、その一部を金銭としてではなく、良い環境や希少資源の形で子孫に残したいという希望を持っているのではないか、と思われる。空気清浄機を買うためのお金を遺産として遺すよりは、清浄な大気を子孫に遺したいと考える人は多いであろう。しかし、これを実現するような仕組みが不十分である、という点が問題である。

第２章「外部性の経済学」では外部性と公共財の問題を説明したが、良い環境や希少資源の持つこうした特性が、問題を複雑にしている。すなわち、金銭であれば子孫を特定して遺すことができるが、清浄な大気や十分な化石燃料をその子孫に遺すことは、遺贈者本人が個人で努力したとしても、他の人々が同じように努力してくれなければ実現しない。現代を生きるすべての人々が環境改善や資源節約のために共同で負担を負うような社会的な仕組みが不十分であることが、先進国においても成長が持続可能なものにはなっていないことの背景にあると考えられる。逆に言えば、皆が努力・負担をして良い環境を遺すことが保証されるような仕組みが提案されれば、それが金銭としての遺産を何割か減らすことを意味しているとしても、提案を実現するための社会的合意が形成される余地は十分にあるように思われる。このような仕組みをどのように具体的に設計していくのかは、経済学の大きな課題であろう。

2　環境と経済成長

このような問題がある一方で、持続可能な成長の重要性を強調しつつ、環境分野にビジネス・チャンスがあるととらえ、環境を通じた成長を目指す動きも強まっている。こうした流れを振り返ってみよう。

(1) グリーン・グロース

グリーンという言葉が環境とのかかわりを示唆するという理解が世の中に定着してきたが、**グリーン・グロース**（緑の成長）という言葉には２つの側面が依然としてあるように思われる。いわば守備型と攻撃型であり、前者は環境を成長制約要因ととらえたうえで環境負荷の少ない成長を目指すものである。こうした文脈で「環境にやさしい成長」(eco-friendly) という言葉が用いられることも多い。後者の攻撃型は環境問題への対応を成長の機会あるいは原動力であると、より積極的に位置づける考え方であり、こちらのほうが次第に有力になってきた。先進国が加盟する国際機関である OECD（経済協力開発機構）も2011年に「Towards Green Growth」という報告書を刊行し、その中で「生産と消費の新しい方法を見つけることが必要」「進歩とは何かを再吟味して計測も見直す必要」としている。

(2) 海外のグリーン・ニューディール

①イギリスと欧州

グリーン・ニューディールという言葉は、イギリスの NPO が2008年に政府への提言で最初に使った言葉であると言われているが、その後に世界に広まることになった。ニューディールとは、1930年代にアメリカで不況を克服するために採用された需要喚起政策であり、テネシー川流域の総合開発などを含んだものである。政策主導によって新しい需要を喚起したという意味があるので、環境の分野に転用されたと考えられる。

その後、国連環境計画（UNDP）は2009年２月に「グローバル・グリーン・ニューディール」報告を公表し、世界の年間GDPの１％をグリーン投資に当てるべきであると呼びかけた。ただし欧州諸国ではこの言葉の以前から環境シフトが進んでおり、2010年にEUが決定した新経済戦略である「欧州2020」でも、知的（smart）成長、包括的（inclusive）成長、と並んで持続可能な（sustainable）成長を３つの優先事項として謳い、経済成長と資源・エネルギーの消費増加を切り離す（decouple）ことが重要としている。

②アメリカ

2009年にアメリカ大統領に就任したオバマ氏の最初の大統領選挙の公約の柱は、景気対策、エネルギー安全保障、雇用の創出、温室効果ガスの排出削減であり、環境問題も重要なテーマであった。これは、ブッシュ前政権が地球環境問題に消極的であったのと好対照であった。オバマ政権はまた、クリーン・エネルギーとスマート・グリッドを大きな柱として掲げた。これは国内だけでなく、国際的な需要開拓を狙った動きでもある。

③韓国版グリーン・ニューディール政策

韓国では李大統領が2008年８月の建国60周年を期にグリーン成長路線を打ち出した。その背景にはいくつかの要因がある。まず第１に、韓国は京都議定書での削減義務を負っていなかったが、二酸化炭素排出量は急速に伸び世界７位となっていたので、国際社会から批判される前に対応策を打ち出したいとの思惑があった。第２に、韓国は石油をほぼ全量輸入しているため、2008年の石油価格高騰が経済への痛手になり、石油への依存度を低下させたいとの希望があった。第３に、雇用の不安定さが問題になってきたので、政策主導で新しい需要を開拓したかったことがあげられる。

そこで2009年１月に、世界金融危機の影響を緩和するための需要喚起策の性格も持たせた「グリーン・ニューディール」を策定した。しかしその内容を見ると、河川整備などの従来型公共事業も多く、かえって環境破壊につながるとの批判も招いた。そこで同年7月には「グリーン成長5カ年計画」を策定し、同12月には「低炭素グリーン成長基本法」を制定した。当時の李大統領は、韓国が国際社会におけるグリーン成長先導国となるための「終わりのない新しい始まり」であると述べた。また、NPO だったグローバル・グリーン・グロース機構（GGGI）が国際機関に認定されるとともに、緑の気候基金（GCF）を韓国に誘致し、グリーン・テクノロジー・センター（GTC）を創設した。これらの3つ（グリーン・トライアングル）でグリーン成長を推進するとした。その後2013年に発足した朴政権は、セウォル号沈没事故や経済問題などの処理に追われる中で政治基盤が弱まり、環境面での政府の指導力も低下している。

④ APEC

APEC（アジア太平洋経済協力）は、ASEAN 諸国に加え、アメリカ、中国、オーストラリア、日本、ロシアなどが加わった経済協力の枠組みである。2010年に日本のイニシアティブで取りまとめられ、横浜で開催された首脳会合で採択された APEC 成長戦略の中でも「Sustainable Growth（持続可能な成長)」が5つの柱の1つとなっている。特段の新しい内容が含まれているわけではないが、発展段階も経済体制も異なる21の国・地域が1つの成長戦略について合意し、目標を共有したことの意義は大きい。

(3) 日本版グリーン・ニューディール

日本でも環境省を中心に「日本版グリーン・ニューディール」が提唱されエコカー補助金や家電エコポイント制度が導入された。しかし、炭素税や公共交通機関優遇などの対策は含まれていなかった。ただし炭素税はその後、第6章「環境税」で述べたように2012年から段階的に導入された。

2012年に民主党を中心とする政権はグリーン成長戦略を策定した。その骨子は、

家庭：電気自動車や太陽光発電の普及
　　　冷暖房効率が良い住宅の建設促進
産業：次世代自動車の開発
　　　自動車用蓄電池の開発

海上風力、バイオマス、地熱発電の促進
などであり、技術色の濃いものであった。

その後、2012年12月の政権交代により第2次安倍内閣になると、2013年6月に日本再興戦略が発表された。この中では環境問題にも触れられているが、「環境・エネルギー制約の克服」や「環境未来都市」などが中心であり、韓国のような熱気は感じにくい内容になっている。この日本再興戦略は、アベノミクスの第3の矢の成長戦略として公表されたものであるが、第1の矢（金融政策）や第2の矢（財政政策）に比べて全般的に評価が低かった。

この日本再興戦略はその後も毎年6月に改訂されており、環境・エネルギー分野は重点の1つとして位置づけられてはいるが、「環境 ・エネルギー制約の克服と投資拡大 」（日本再興戦略2016）というタイトルからも読み取ることができるように、環境・エネルギーを成長制約要因としてとらえており、前述の「守備型」と「攻撃型」の区分で言えば、「守備型」の発想が強い内容になっている。

(4) 日本における環境関連産業

日本経済は、1990年前後のバブル崩壊以降、低迷が続いているが、環境関連産業は比較的高い伸びを続けている。OECDの定義する環境産業（The Environmental Goods & Services Industry）は、汚染防止、浄化、分析、廃棄物処理、アセスメント、再生可能エネルギー、省エネルギー、都市緑化などのほかに、省資源型製品、リサイクル、自然災害防止、エコ・ツーリズム、住宅リフォームなども含んだ幅広いものとなっている。環境省の推計では、2014年の市場規模は105.4兆円（付加価値では42.4兆円でGDPの8.7%、輸出額16.7兆円）、雇用規模は256万人となっている。図表12-1に示されているように2008年の世界金融危機の影響で一時的に落ち込んだものの拡大基調にあり、低成長の日本経済の中では高い成長を続けている。

特に再生可能エネルギー関係は、固定価格買取制度（FIT：Feed-in Tariff）の導入以降に大幅に市場が拡大したが、太陽光発電を中心に稼働に至っていない設備も多く（第14章を参照）、成長の安定性に不安もある。また、日本が高

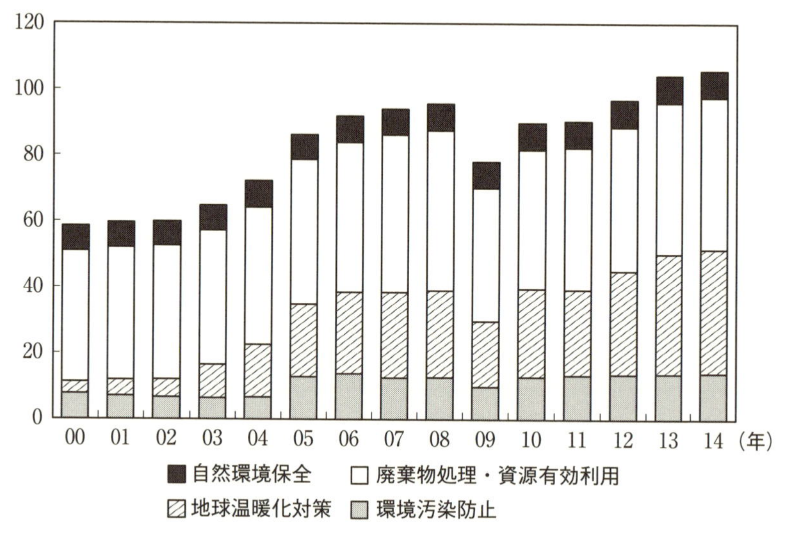

図表12-1　環境ビジネスの市場規模（2000年～2014年）

（出所）環境省『環境産業の市場規模・雇用規模等の推計結果の概要について』2014年度版。

い技術と豊かな資源を持つ地熱発電はあまり増えておらず、拡大の余地は大きい。

さらに、アジアやサハラ以南のアフリカは水、大気、土壌などの様々な面での環境問題を抱えている（コラム③「世界の飲み水とトイレ事情」を参照）。また、新興国の発展が見込まれる一方で、地球温暖化抑制の必要性が続くことから、省エネルギーの必要性も増している。日本の企業は、水質浄化、自動車用蓄電池、ヒートポンプなどの幅広い分野で高い技術を持ち、海外でのエネルギー・環境問題の改善・解決に寄与していくことが期待される。

コラム1 ▶地熱発電

地熱発電は、太陽光発電や風力発電とは異なり安定的に発電できるので、ベースロード電源（天候などに左右されずに、安定的に発電できる電源）になりうる。また、発電所の建設から、運転、解体までを含めた二酸化炭素排出量が水力発電と並んで最も小さいエネルギー源である。

こうした地熱発電に関して、日本は高い技術力を有するとともに、アメリカ、インドネシアに次ぐ世界3位の豊富な資源を持っている。それにもかかわらず、また固定価格買取制度の対象にされたにもかかわらず、近年の伸びは低い（第14章を参照）。国立公園の中での開発がしにくかったことや、温泉への影響が懸念されたことが理由で、規制の見直しが行われている。事業者が地権者や周辺の了解を取り付けることが重要であり、大きな資金が必要でもあるので、太陽光発電と同様のスキームではなく、地熱発電の特性にあった方式で開発を促進していくことが望まれる。

コラム2 ▶植物工場

オランダは国土の狭い先進国でありながら、アメリカに次ぐ世界第2位の農産物輸出国である。農業活動の中心は酪農および園芸であるが、ハイテクを農業に導入し、温度、水のみならず二酸化炭素濃度まで調整して、生産性はここ数十年の間に大きく伸びた。農産物の輸出先のほとんどはEU圏内であり、ドイツがその最大の市場となっている。

日本でも、こうしたハイテク農業を見倣う動きがあるほか、コンテナなどで管理された環境の中で植物を育てる、いわゆる植物工場に大手企業が続々と参入している。この背景には、国からの補助金に加え、塩害や放射能汚染に悩む東日本大震災後の被災地で注目されていることなどがある。価格的には露地物には対抗できないが、供給の安定性や衛生管理の良さといったメリットもある。また野菜の乏しい海外の乾燥地域での需要も考えられ、栽培ノウハウを蓄積して、生産性を高めていくことが期待される。

3　環境と開発――経済発展

(1) 開発途上国における環境問題

開発途上国には様々な環境問題があるが、**貧困型環境問題**、**工業型環境問題**、**消費型環境問題**の３つの側面があり、それらが組み合わさっている場合もある。

側　　面	例　　示
貧困型環境問題	生活のために森林を過度に伐採したり過放牧を行ったりして、それがまた貧困をもたらすといった悪循環が発生している。 貧困→人口増→環境悪化→貧困、という人口要因も含めたトリレンマが起きている地域もある。
工業型環境問題	急速な産業化に伴う公害やスラムが発生している。
消費型環境問題	所得水準の上昇とともに、エネルギー消費や廃棄物が増加する。

図表12-2　開発途上国の環境問題の３側面

経済発展につれてこの３側面の中で、図表12-2の上から下に重点がシフトしていく傾向がある。また、これらとは別に、**収奪型環境問題**もある。これは商業的な木材の大量伐採、廃棄物の国際移動などである。

(2) 環境クズネッツ仮説

本来のクズネッツ仮説は、所得格差が経済発展の初期に拡大し、その後には縮小するというものである。これになぞらえて、**環境クズネッツ仮説**が提唱された。これは環境汚染は経済発展の初期には拡大するが、その後には減少に転じるとするものである。その理由としては、経済発展とともに規制などの対応が進んだり、人々が環境の重要性を認識するようになることが考えられる。しかし、「所得水準が上昇すれば、今の環境問題は解決する」と楽観視するのは危険である。仮にそのようなプロセスが将来あるとしても、途中で環境の再生能力を超えて、非可逆的な問題が生じる可能性もある。

(3) 日本の環境 ODA

日本の海外援助では、環境が重視されている。その状況について、経緯も含めて見てみよう。

①日本の ODA（政府開発援助）は、かつてはインフラ（道路、港湾など）の整備が中心であったが、政府は1992年の国連環境開発会議（UNCED）において環境分野での政府開発援助（ODA）を大幅に拡充・強化することを表明した。その結果は、1996年度までの5年間の累計で目標を4割上回るものであった。

②「21世紀に向けた環境開発支援構想」（通称 ISD、1997年）では、人間の安全保障、自助努力、持続可能な開発への貢献、を3つの基本理念として掲げた。この構想には以下の6分野の行動計画が含まれていた。「大気汚染、水質汚濁、廃棄物対策」「地球温暖化対策」「自然保全環境」「『水』問題への取り組み」「環境意識向上・戦略研究」「持続可能な開発に向けての戦略研究の推進」。

③2003年の新 ODA 大綱でも、環境問題は「地球的規模の問題への取組」の中に位置づけられた。

④日本の**環境 ODA** の中には、エジプトのザファラーナ風力発電事業やスリランカのココナッツ殻の炭化および発電事業などの **CDM**（**クリーン開発メカニズム**、第13章「地球温暖化問題と日本の選択」を参照）で登録されている事業もある。

⑤最近では2国間クレジット（第13章を参照）による環境 ODA も増加している。

(4) ミレニアム開発目標と環境

国連の**ミレニアム開発目標**（**MDGs**）とは、開発分野における国際社会共通の目標として、2000年の国連ミレニアム・サミットで採択された宣言に基づいてまとめられたものである。これは8つの目標から構成され、その第7の目標が「環境の持続性確保」で、その中で4つのターゲットと10の指標が掲げられていた。また、ほかの目標の中にも「乳幼児死亡率の削減」（第4）、「妊産婦の健康の改善」（第5）、「HIV／エイズ、マラリア、その他の疾病の蔓延の防止」（第６）などの環境と関係の深い目標があった。目標の達成状況を見ると地域によって進展度合いは異なり、西アジアやオセアニアでは厳しい状況にある。この目標は2015年を達成期限としていたので、その後の目標として2015年９月に「**持続可能な開発のための2030アジェンダ（SDGs）**」が、国連サミットで採択された。そこには17の目標と169のターゲットが定められている。環境とエネルギーの観点から MDGs の８目標と SDGs の17の新目標との対応関係を見ると、環境の持続性に関する目標が増えたことと、近代的なエネルギーへのアクセスが目標として新たに掲げられたことが注目される。

コラム３ ▶世界の飲み水とトイレ事情

ミレニアム環境目標（MDGs）の進捗状況をモニターしているユニセフとWHO（世界保健機関）との共同報告書によると、2012年に安全な飲料水を利用できない人は世界で7.5億人いる。最も多いのが中国（1.1億人）で、次がインド（0.9億人）である。

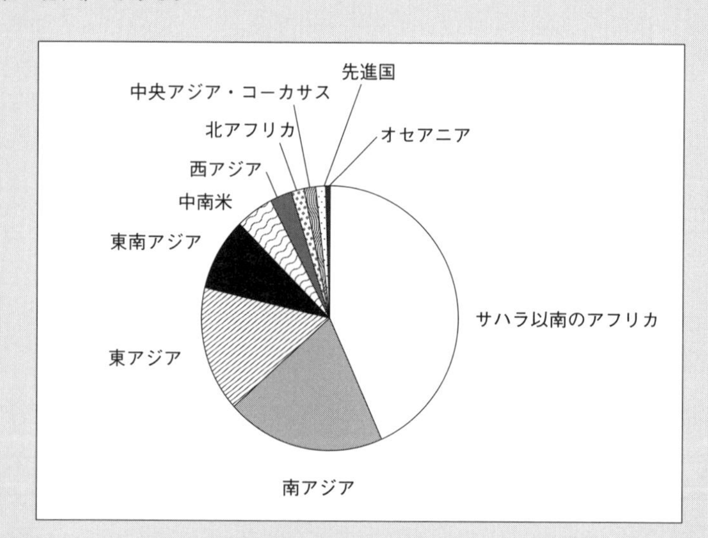

図表12-3　安全な飲料水を利用できない人（世界計：7.5億人、2012年）
（出所） UNISEF and WHO, Progress on Drinking Water and Sanitation 2014 Update.

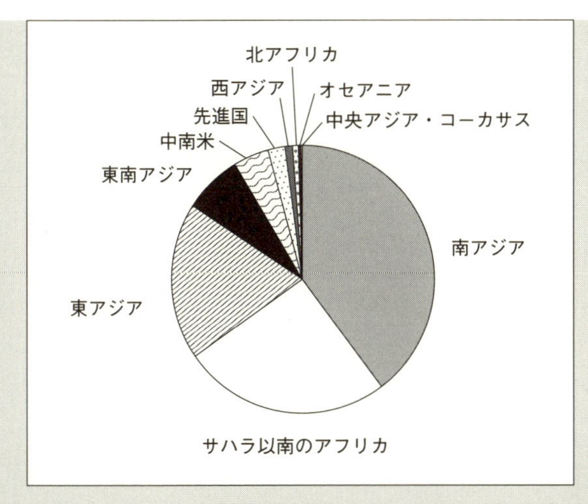

図表12-4　近代的なトイレを利用できない人（世界計：25.2億人、2012年）
（出所）図表12-3と同じ。

一方、近代的なトイレのない人はずっと多く、25億人もいて、インド（7.9億人）、中国（4.8億人）の順になっている。そして、9.5億人が屋外で排泄をしておりその大半は農村部に住んでいる。

復習問題

①1930年代のアメリカの経済政策に使われた言葉を流用して、＿＿＿＿面も含め環境保全活動や関連技術を需要喚起や経済成長に結びつけようという趣旨で2008年ごろから広まった言葉が、＿＿＿＿である。欧州よりも環境対策の後発国（アジアでは特に＿＿＿＿）で大々的に採用された。また、環境にやさしい成長、あるいは環境の改善を成長機会としてとらえようとする、グリーン・＿＿＿＿という言葉も使われるようになった。

②持続的成長は、＿＿＿＿の2020年に向けての新しい成長戦略や、2010年に横浜で採択された＿＿＿＿の成長戦略で重要な柱の１つとして位置づけられている。

③環境関係のビジネスには様々なものがあるが、その成長や雇用の伸びは他の産業に比べて＿＿＿＿。特に＿＿＿＿エネルギーや省エネルギー関連の市場は注目を集めている。日本の環境・エネルギー分野の技術水準は＿＿＿＿。一方で、飲料水や衛生設備の水準がなお低い＿＿＿＿国では、こうした分野に大きな潜在的需要がある。

④開発途上国の環境問題には、3つの側面があると言われている。発展段階が低い状況では、＿＿＿＿型環境問題が、産業化の過程では＿＿＿＿型環境問題が、そして所得水準の上昇とともに＿＿＿＿型環境問題が重要になると言われている。またこれとは別に先進国が関与する＿＿＿＿型環境問題もある。

⑤所得水準と環境汚染の関係を模式的に表したものが＿＿＿＿曲線と言われるものであり、（右上がりの、右下がりの、中央が上がっている）形状をしている。しかし、現実には必ずしも成り立たないとか、成り立つことを想定することは危険だ、といった指摘もある。

⑥日本のODAはかつては＿＿＿＿整備が中心であったが、1992年以降、環境を＿＿＿＿している。また日本が推進している、＿＿＿＿の安全保障には、＿＿＿＿水の確保、＿＿＿＿病の予防など、環境問題と関連の深い案件も多い。

⑦国連が21世紀の国際社会の目標として2015年に向けて掲げた＿＿＿＿個の＿＿＿＿開発目標（通称MDGs）の1つが「環境の＿＿＿＿確保」であった。このほかの目標の中にも環境と関連の深いものがあった。世界にはまだ安全な＿＿＿＿水を利用できない人が7.5億人、近代的な＿＿＿＿を利用できない人が25.2億人もいる（2012年）ことなどから、改善のための努力がなお必要である。2015年には、2030年に向けて新たに17個の目標（通称＿＿＿＿）についての合意が作られた。

第13章

地球温暖化問題と日本の選択

地球温暖化問題は、（炭素）税（第6章「環境税」を参照）と排出権取引（第7章を参照）という2つの経済的手法が世界規模で適用されてきた分野である。しかし、こうした取り組みも十分な成果をあげておらず、世界の平均気温を産業革命前に比べて2℃以内に抑えるという国際的な目標の達成が危ぶまれている。地球温暖化に伴ってかなり早い時期から大きな被害が生じはじめる可能性も指摘されている。

本章では、これまでの国際社会の取り組みを振り返るとともに、どこに問題があったのかを考えてみよう。また、その中で日本の果たした役割とその背景について見てみよう。

キーワード

不都合な真実　京都議定書　COP　京都メカニズム
離脱　クリーン開発メカニズム（CDM）　第1約束期間
第2約束期間　適応策　損失と被害
2国間クレジット（2国間オフセット・メカニズム、JCM）

1　地球温暖化問題の現状

（1）地球温暖化の現状と弊害

地球温暖化とは地球表面の温度が長期的に上昇することであるが、特に、経済活動に伴って排出された温室効果ガス（二酸化炭素、メタンなど）の大気中濃度が上昇したこととの関連を意識して議論されることが多い。最近では温暖化に代えて高温化と言うこともある。

まず地球温暖化がどの程度起きているかについて見てみよう。図表13-1は世界の年平均気温の推移を見たものであるが、不規則な変動を伴いつつも、トレンド線をひいてみると100年間当たりで摂氏0.71度の割合で上昇している。

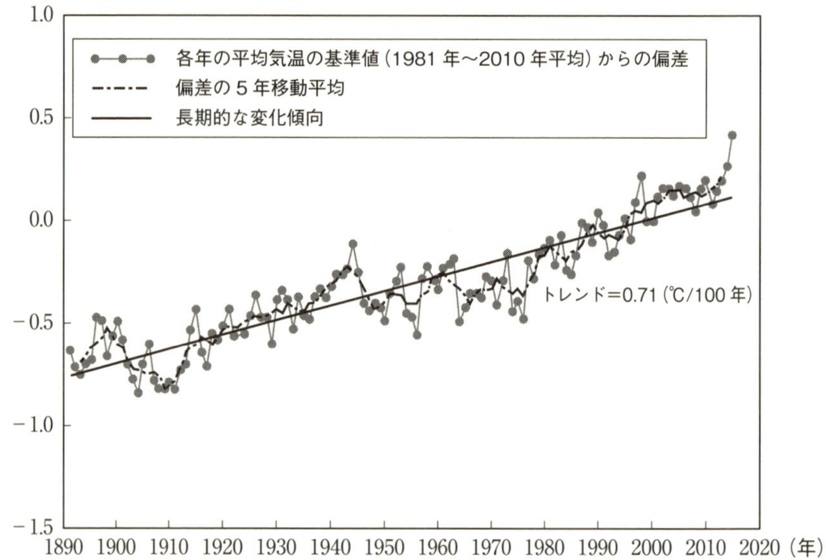

図表13-1　世界の年平均気温の推移（1890年～2015年）

（出所）気象庁。

また1990年代後半以降は、トレンド線を上回って推移している。1998年～2012年頃には上昇テンポが減速したように見えた時期もあるが、これは、火山噴火や太陽活動の低下のためや、熱がむしろ海洋深層で蓄えられている過程にあるためであるとの見方があり、2015年には大きく上昇した。

一方、日本の平均気温は100年間当たり摂氏1.16度の割合で上昇しており、特に1990年代以降には高温となる年が頻出している。このことからもわかるように、温暖化を世界平均の問題としてとらえることは必ずしも適切ではない。

次に、温暖化の影響について考えてみよう。温暖化によって冬の北極海の通行が容易になるなど、一部の地域が恩恵を受けることは事実である。しかし、海水面上昇、異常気象、生態系の変化、伝染病の蔓延などの様々な弊害が懸念されており、それらの中にはすでに起きはじめていると見られるものも多い。世界の平均海水面水位は1901年～2010年の間に0.19メートル上昇したと推計されているが、その上昇テンポはこの期間の後半に加速している。こうした海水面水位の上昇は、北極海や南極海の氷山が溶けたためではなく、陸上の氷河が溶けて海に流れ込んだり、海水が熱で膨張したりすることによって起きている。

ただし、地球の気温は多くの要因に依存することから、温室効果ガスの排出が温暖化の主因であるかどうかに関する因果関係の立証は完全ではない。アメリカ副大統領だったアル・ゴアは2006年に**『不都合な真実』**という映画を作成し、地球温暖化問題への取り組みを呼びかけた。この映画は第79回アカデミー賞長編ドキュメンタリー映画賞を受賞し、彼自身も2007年にノーベル平和賞を受賞したが、一方ではその内容が偏っていて誤りがあるとして、学校で教材とすべきではないとの訴訟がイギリスで提起された。結果的には、一部に誤りがあるものの、全体としてのメッセージは有用であり、注釈を加えたうえで教材として用いることができる、との判断が下された。

また、第4章「不確実性と情報の経済学」のコラム①「いわゆるクライメートゲート事件」で取り上げたように、2009年にイギリスで気候研究者の電子メールがインターネット上に流出し、研究が偏向しているのではないかとの疑惑が生まれたが、調査の結果、データの改ざんはなかったことが判明した。

(2) 最近の二酸化炭素排出の状況

エネルギー消費に由来する世界の二酸化炭素排出量（BP統計）は、2009年にリーマン・ショックの影響から減少したものの、その後増加を続け、2015年には2009年比で11％増となった。これは1970年代の水準のほぼ2倍である。気温上昇を産業革命以前に比べて摂氏2度までに抑えることが国際社会での合意目標になっているが、この目標の達成は厳しくなっている。国別では、2大排出国は中国とアメリカであり、中国は高い経済成長率を背景に2006年ごろに世界最大の排出国になった。日本の排出量の推移については後述するが、2015年の実績を見ると世界の3.6％となっており、中国（27.3％）、アメリカ（16.4％）、インド（6.6％）、ロシア（4.4％）に次ぐ世界第5位の二酸化炭素排出国になっている。

2　温室効果ガス削減のための国際社会の取り組み

(1) 京都議定書までの世界の動き

①リオ・サミットで採択された国連気候変動枠組条約

1992年にブラジルのリオデジャネイロで「環境と開発に関する国際連合会議」（通称、リオ・サミット）が開催された。これは国際連合史上最大規模の会議であり、この会議を受けて国連気候変動枠組条約が採択され、温室効果ガスの削減に各国が共同して努力をしていくことになった。

② COP3で採択された京都議定書（1997年）

その後の検討を受けて、この条約の第3回締結国会議が1997年に京都で開かれた。一般に何かの条約の締結国が集まって会議をすることをConference of the Parties（略称 **COP**）と呼び、この条約に関しては1995年から毎年開催されている。この京都の会議では以下のような内容の**京都議定書**が合意された。

(A) 人為的な温室効果ガスの排出を削減する目標を法的拘束力のある形で設定する。

目標年次は2008年～2012年（第1約束期間と呼ばれる）の5年間平均とし、参照年次は1990年とする。また目標削減率は、日本 −6%、アメリカ −7%、EU −8%、などとする。

(B) 国際的に協調して約束を達成するための仕組みとして**京都メカニズム**と呼ばれる、排出量取引（第7章を参照）、共同実施（先進国間）、CDM（先進国と開発途上国間、後述）の3つの方式を用いる。

(C) 京都議定書の発効

55カ国以上が締結し、締結した附属書Ⅰ国（先進国）の合計が1990年の排出量で見て附属書Ⅰ国合計の55%以上となること、の2条件が満たされた90日後に発効する。

(D) 森林による二酸化炭素の吸収分も勘案する

③アメリカの離脱と京都議定書の発効

その後、アメリカは締結しないことを決め京都議定書から**離脱**したが、欧州や日本に加えロシアが締結したことから京都議定書は2005年2月に発効した。

(2) クリーン開発メカニズム

先進国が開発途上国に技術や資金を供与し、そのことによって温室効果ガスの排出量が削減されたり、森林による吸収量が増加したりした場合には、その一定量を当該先進国の温室効果ガスの排出量の削減としてカウントできるというという制度が**クリーン開発メカニズム**（**CDM**：Clean Development Mechanism）であり、京都議定書の第12条に規定されている。CDMは、以下のような特徴を持っている。

①事前に事業を国際連合のクリーン開発メカニズム（CDM）理事会に登録し、承認を得ておく必要がある。

②その際には、当該事業を行わない場合（ベースライン）の排出量の推計も必要である。

③事業実施に際しては、排出量などをモニタリングし、チェックを受けた後

に CER（認証排出削減量、Certified Emission Reduction）が発行される。

④登録された事業数は、2014年６月に延べ7,500件程度になっており、このうち約半数のホスト国（事業が行われる国）が中国である。

⑤日本も600件弱を実施しており、イギリスやスイスに次ぎ、オランダと第３位を争う状況にある。

⑥上記②や③の手続きが煩雑で時間がかかるとか、日本が得意とする分野（省エネルギー製品の普及など）は実質的に対象外になっているとして、近年、日本政府は２国間クレジット（後述）という方式を積極的に推進している。

（3）京都議定書の問題点

京都議定書の第１約束期間の問題点としては、以下のような点が指摘されている。

（A）結果的に削減義務を負ったのは日本、欧州、ロシアなどだけであり、世界の２大排出国である中国とアメリカは参加しなかった。この結果、京都議定書が**第１約束期間**（2008年～2012年）においてカバーしたのは世界の排出量の約４分の１に過ぎなかった。

（B）2012年までの枠組みを定めたのみであり、より長期の目標がなかった。

（C）高排出産業が排出制約のない開発途上国に移転（炭素リーケージ）するので、世界全体の排出量の削減には必ずしもつながらない。

（D）森林吸収の算定が「基準年からの増加分」ではない。

（E）削減義務を負っている先進国についても、CDM によって開発途上国で削減に協力した分だけ、先進国では排出量が増える可能性がある。

（F）経済活動の低迷などを理由として排出枠が余っている国からの排出権を購入が可能であるので、全体としての削減が進まない（余っている枠をホット・エアと呼ぶことがある）。

（G）国際船舶や国際航空が対象外になっている。

（4）京都議定書をめぐる近年の状況

2013年以降の削減については交渉が難航し、2011年末にようやく**第２約束期**

間（2013年～2020年）に関する合意を見たが、一段と形骸化が進んだ。その反省も踏まえて2020年以降の新しい枠組みについての合意が2015年末に作られた。以下、順を追って見てみよう。

①COP15で採択されたコペンハーゲン合意

2009年末のCOP15では難産の末に「コペンハーゲン合意」が作られ、これにはアメリカ、中国も参加した。その概要は以下のとおりである。

(A) 世界の気温上昇を摂氏２度におさめるべきである。

(B) 先進国は2020年の削減目標を、開発途上国は削減行動を提出する。

(C) 先進国は開発途上国に資金供与する。

この合意を受けて、排出量に換算して世界の78%の国が目標を提出した。日本は鳩山首相の発言（３節に後述）に即して条件付きで1990年比25%減、アメリカは2005年比17%減、中国は2005年比GDP当たり40%～45%減、インドは同20%～25%減という目標を提出した。

②COP16

2010年末にカンクン（メキシコ）で開催されたCOP16では、開発途上国は先進国に対して、第２約束期間の設定を要求した。第１約束期間に参加していた先進国は、アメリカや中国が参加する枠組みが必要であるとそれまで主張してきたが、EUは将来の新しい枠組みの作成を前提に第２約束期間の設定に賛成に転じた。一方、日本はカナダ、ロシアとともに、第２約束期間には米国や中国を含むすべての主要排出国の参加が必要との考えにこだわった。

③COP17

2011年末にダーバン（南アフリカ）で開かれたCOP17は難航し、予定を延ばして協議した結果、以下のように決着をみた。

(A) 京都議定書は延長し、第２約束期間を設定する。

(B) しかし、日本、カナダ、ロシアは参加しない（削減義務を負わない）。その後にカナダは離脱した（第１約束期間も非拘束）。

この結果、京都議定書の対象は世界排出総量の15%程度となり、一段と空洞化した。

(C) 2020年以降については、アメリカ、中国、インドも参加した新しい枠組みをスタートさせるべく作業部会を設置する。

④ COP18からCOP20にかけての動き

2012年のCOP18（ドーハ）、2013年のCOP19（ワルシャワ）、2014年のCOP20（リマ）にかけては以下の動きがあった。

(A) 第2約束期間は2013年～2020年と、第1約束期間から空白期間なく設定し、CDMも延長する。

(B)「気温上昇を摂氏2度以内に抑制すべきこと」と「2015年までに2020年以降の枠組みについて合意すること」が再確認された。

(C) 2020年以降の枠組みに関しては、アメリカが自主目標と事前の相互審査を組み合わせた方式を提案し、中国やEUの理解も得た。

(D) 各国は2015年末までに（できれば第1四半期に）自主目標案（貢献、contribution）を提出することになった。これを受けて、以下のような目標が公表・提出された（括弧内は公表時点）。

EU（2014年10月末）:「2030年までに1990年比で少なくとも40%削減」

アメリカ（2014年11月半ば）:「2025年までに2005年比で26%～28%削減」

中国（2014年11月半ば）:「2030年ごろをピークに減らす」。（その後2015年6月末）:「2030年までに2005年比でGDP当たりの排出量を60%～65%削減」

(E) 先進国は、目標作りが難しい開発途上国に資金支援をすることとし、「緑の気候基金」（GCF）の本部を韓国に設置し、100億ドルを超える資金の拠出が行われた。

(F) 排出削減を中心とする地球温暖化「緩和策」だけでは不十分であり、温暖化の影響に適応するための対策（**適応策**、コラム①「地球温暖化への適応策」を参照）が不可欠であるとの認識が高まってきた。

⑤ COP21（パリ協定）

2015年末のCOP21では、2020年以降の枠組みがパリ協定として合意された。その主要点は以下のとおりである。

(A) アメリカや中国も含め多くの国々（開発途上国を含む196カ国・地域）が参加し、5年ごとに削減目標を、厳しくする方向で見直して提出する。

(B) 気温上昇の抑制に関して、従来の摂氏2度目標に加えて、摂氏1.5度以内にするように努めるべきことや、今世紀後半には世界の排出を実質ゼロにすることなどの長期目標も設定された。

(C) 開発途上国の目標実現のために、先進国からの資金拠出が盛り込まれた。

(D) 日本が推進してきた2国間クレジット（2国間オフセット・メカニズム、後述）に関しては、原則的に認める方向が打ち出された。

(E) この協定は55カ国以上が締結し、かつ締結国の排出量が全体の55％以上となった30日後に発効する。

また、国際交渉の構図を見ると従来の先進国対開発途上国という構図が変化し、開発途上国の中でも、削減に積極的な島嶼国やラテン・アメリカ諸国などのグループが出てきたことが注目される。

中国やアメリカが参加する枠組みができたことは画期的であるが、各国が自主的に設定した削減目標の達成は義務ではなく貢献（contribution）であること、また各国の削減量の総和が、これまでのところ温暖化抑制に関する目標を達成するには十分ではない（IEA［国際エネルギー機関］の分析では、2.7℃の気温上昇に相当）という問題点は残されている。

後者の点に関しては、IPCC（気候変動に関する政府間パネル）の第3作業部会報告書（2014年）によれば「2050年に世界の温室効果ガス排出量を40％～70％削減（2010年比）する必要があり、2100年には排出をゼロかマイナスにまでしなければならない」とのことである。これを国際的に割り振るのが本来の姿であると考えられるが、そうしたものにはなっていない。

なお、上記④(D)のアメリカの目標に関しては国内に強い異論があり、議会の承認を得られるかが疑問視されていたが、オバマ大統領は2016年9月に、議会の承認を得ずに大統領権限で、中国との同時批准を行った。このため、パリ協定に反対の立場を明らかにしているトランプ氏が大統領になった場合には、この協定や国連気候変動枠組条件から脱退する可能性がある。

コラム1 ▶地球温暖化への適応策

温室効果ガスの排出量削減への取り組みが難航する中で、地球温暖化問題への対応策としては、排出量削減を中心とする地球温暖化「緩和策」だけでは不十分であり、温暖化の影響に適応するための諸施策が不可欠であるとの認識が高まってきた。具体的には、豪雨や水害などの発生に備えて災害に強い町を作る、渇水に備えて貯水池を作る、高温に耐性のある作物にシフトする、などである。これが「適応策」と言われるものであり、適応能力の小さい開発途上国への支援と関連づけて議論されている。

さらに、適応策を講じたうえでも起きる**損失**と**被害**をどのように考えていくかについての国際的な枠組みが必要であるとの考えから、COP19ではワルシャワ国際メカニズムが創設されることとなり、知見の共有、関係機関との連携、開発途上国に対する支援などを行っていくことになった。

その後EUが手続きを済ませたことでパリ協定は上記(E)の２条件を満たし、2016年11月に発効することになった。

3　国際的な交渉における日本の対応

こうした国際的な交渉への日本の対応を振り返ってみよう。

（1）鳩山首相の国際公約

民主党を中心とする政権が発足した直後の2009年９月22日に、鳩山首相（当時）は国連気候変動首脳会合で演説し、以下のような国際公約を示した。

①「日本は2020年までに温室効果ガス排出を1990年比で25％削減する」

②「ただし、主要国が参加する公平で実効的な国際枠組みの構築と意欲的な目標の合意がその前提になる」

この発言の背景には直前の衆議院選挙のために作られた民主党のマニフェス

トがあった。しかし、達成のための具体的な政策手段の裏づけはなく、産業界からは懸念の声も上がった。

（2）第1約束期間における日本の排出量

第1約束期間の排出実績を見ると、リーマン・ショックの影響から景気が大きく落ち込んだ2009年を除いて、基準年の1990年と同程度の排出がなされてきたが、原子力発電所の多くが操業を停止した2011年以降には排出量は大きく増加した。この結果、5年平均では基準年比1.4%増となった。しかし森林などによる吸収分（基準年比3.9%分）やCDMなどによるクレジットの取得（基準年比5.9%分）によって、基準年比8.4%減と目標の6%減を達成した。

（3）第2約束期間における日本の排出量削減の推移

しかし、上述のように、日本は第2約束期間では削減目標を記入せず、削減義務を負わない状況の下で独自の努力を行うこととした。

日本の離脱には3つの理由が考えられる。

第1に、アメリカと中国が参加しない枠組みは意味がないという建前論である。しかし日本などが離脱して対象国がさらに減っては、もっと意味がないと言えよう。第2に、鳩山首相（当時）が掲げた目標の達成ががもともと困難であったうえに、東日本大震災に伴う原子力発電所の事故によってそれが絶望的になったことである。第3に、京都議定書では認められていない「2国間オフセット・メカニズム」（次項を参照）で自己評価をしたかったということである。どれがどの程度に重要であったかについては、様々な見方がある。

（4）2国間クレジットによる排出量の削減

2国間クレジット（**2国間オフセット・メカニズム、JCM**：Joint Crediting Mechanism）とは、開発途上国における温室効果ガスの排出削減に関する日本の寄与をCDMの枠外で評価することである。具体的には、日本から開発途上国への温室効果ガス削減技術の移転や、日本の省エネルギー型の家電製品や生産システムの普及などを通じて、開発途上国で実現した温室効果ガスの排出削減・吸収を定量的に評価し、日本の削減目標の達成にカウントすることである。2016年８月時点でインドネシア、ベトナムなど16カ国と署名済みとなっている。

日本がこれを推進してきた背景には、CDMに対する以下のような不満がある。

(A) 排出権の購入には相当の費用がかかる一方で、一部の国々には余裕があること。

(B) CDMの多くが中国に集中していること。

(C) CDMでは手続きに時間がかかるうえに、予見可能性が低いこと。

(D) 日本が得意な分野（省エネルギー製品の普及、原子力発電、高効率石炭火力発電など）がCDMではカウントされないこと。

２国間クレジットは京都議定書では認められていない仕組みであるが、日本の経済産業省、環境省、外務省の関係３省はそれぞれの思惑によって進めてきた。

経済産業省は産業界支援を重視し、「各国による独自の制度設計はコペンハーゲン合意でも認められている」として、パイロット・プロジェクトの公募や、アジア諸国と政府間協議によって推進役を果たしてきた。

環境省は、２国間クレジットを次期の枠組みのメカニズムの１つにすることができれば、日本の目標達成が容易になるので、そのための試行と位置づけ、実現可能性調査などを実施してきた。

外務省は、２国間クレジットを開発途上国支援の一環と考えている。

近年のCOPの際には、日本との間の２国間クレジット制度に署名した開発途上国を集めて、「JCM署名国会合」を開催している。

(5) 日本の排出量削減の目標への批判

日本政府は2013年11月に、2020年度の温室効果ガス削減目標を2005年度比で3.8％減とする新しい目標を「野心的目標」であるとして公表し、気候変動枠組条約事務局に登録していた前述の25％削減目標を差し替えた。これは1990年比では3.1％増に相当し、国際社会から強い批判を浴びることになった（コラム②「2020年に向けての日本の温暖化対策目標への批判」を参照）。

コラム 2 ▶2020年に向けての日本の温暖化対策目標への批判

2013年11月に日本の石原環境大臣が COP19（ワルシャワ）で表明した温室効果ガス排出抑制新目標については、EU や AOSIS（44の島国で構成される小島嶼国連合）からは批判声明が相次いだ。

特にイギリスは、エネルギー温暖化対策大臣が2013年11月15日に声明を発表し、政府ホームページにも掲載した。その冒頭部分は以下のようになっている。

"It is deeply disappointing that the Japanese Government has taken this decision to significantly revise down its 2020 emissions target. This announcement runs counter to the broader political commitment to tackle climate change, recently reaffirmed by G8, as well as the enhanced ambition we have seen from the world's major emitters."（筆者訳：日本政府が、2020年の排出削減目標を大幅に縮小する決断を下したことにはきわめて落胆させられる。日本政府の発表は、世界の主要な排出国が削減意欲を強めてきたことに逆行するばかりでなく、最近の G8で再確認された、気候変動に対する広範な政治的コミットメントにも反するものである。）

また、この COP19では、CAN（Climate Action Network）インターナショナルという NGO の国際的なネットワーク組織が、その日の交渉で最も後ろ向きの姿勢を取った国に「化石賞」を授与していたが、日本のこの発表に対しては、通常の化石賞では不十分であるとして「特別化石賞」を授与すると発表した。

2014年12月の COP20（リマ）でも各国から、2020年以降の目標の提出準備が遅れている日本に対して、早期に意欲的な目標を提示することを求める声が寄せられた。

（6）日本の2030年の目標

2030年に向けた動きの中では、前述のように主要国が長期目標を定めて公表した中で、日本政府の対応は遅れ、国連への提出は2015年７月になった。その内容は2030年度に2005年度比25.4％削減するというものであるが、2005年に比べてアメリカが2025年に26％～28％削減、EU が2030年に35％削減としているのに比べると見劣りがする。ただし、日本政府は「2013年度比を中心に説明を行う」とした。これは、原子力発電所の事故の影響のために2013年の排出量が多くなったことから、2013年度比であれば日本は26％減となり、（同じく2013年度比に換算した場合の）アメリカの2025年の18％～21％減、EUの2030年の24％減に比べ、見かけ上は遜色がなくなるからと考えられる。

復習問題

①二酸化炭素などの温室効果ガスの排出が増えたために地球の気温の上昇が続くと考えられている。産業革命前に比べた温度上昇を摂氏________度に抑え込もうという国際的な合意が以前からある。こうした中で2009年から2015年までの世界のエネルギー消費由来の二酸化炭素排出量は（微減傾向で推移している、おおむね横ばいで推移している、増加している）。

②1997年の________書では、1990年を基準にして________年までの５年間の温室効果ガスの平均排出量を日本は________％、EUは８％、アメリカは７％削減するという合意がなされた。しかし________は、これを批准しなかった。この結果、排出量削減の義務が生じたのは世界の排出量の約________分の１に過ぎなかった。

③排出量削減の目標を達成する手段としては、自国で排出を減らすほかに、他国から排出権を________すること、他の先進国での削減に貢献すること、削減義務を負わない________での削減に貢献すること（________開発メカニズム、略称________）、といった手法も認められている。しかし、高排出産業が排出制約のない開発途上国に移転してしまうという炭素________や、排出枠の余っている国から排出枠を購入することによって全体の削減が進まないという、________・エアなどの問題も指摘されてきた。

④________年以降の排出削減をどのような国際的な枠組みで進めていくかについての議論は、2011年末にようやく決着したが、日本や________は削減目標を________しなかった。また、________は枠組み自体からの離脱を表明した。この結果、削減義務を負う国の比率は排出量で見て世界の________％程度になった。

⑤日本がこうした行動を取った理由は、________や________などが参加しない

枠組みは意味がないという考えのほかに、かつて________首相（当時）が表明した2020年までに________%削減という目標が________もあって達成困難であること、いわゆる________クレジットによって自国の貢献を評価したかったことなどが考えられる。

⑥地球温暖化の防止のための2020年以降の枠組みの議論は________が主導してきた。具体的には、________的目標と________を組み合わせた方式を提案し、________国やEUの理解も得つつある。また、________国に「緑の気候基金」（GCF）の本部を置くことが決まった。

⑦温室効果ガスの排出削減が難航していることもあって、ある程度の温暖化が起きることを想定せざるをえないとの認識が広まっている。そこで温暖化の悪影響を防止する対策も重要ではないかとの発想から議論されているのが________策である。さらに、それでも被害が生じた場合のことを議論するための枠組みが新設されることがCOP19で合意された。これは「損失と被害」に関する________国際メカニズムと呼ばれる。

⑧日本は京都議定書の第1約束期間の目標は（達成できた、達成できなかった）が、この期間の温室効果ガスの排出量の平均値は基準年に比べ（増加した、同程度となった、減少した）。また、2013年度の排出量は________の稼働停止の影響からこの期間の平均値に比べかなり増加した。

⑨日本政府が、2013年の秋に発表した________年度までの温室効果ガス排出削減の目標は、国際社会から（歓迎された、不可能ではないかと懸念された、強い批判を浴びた）。また、2030年に関する新しい目標は、2005年比で（25.4%減、27.4%減、35.4%減）とすると通報したが、この目標は2005年比ではアメリカやEUの目標数値に比べ（見劣りがする、遜色がない、より意欲的である）ものである。

第14章

日本のエネルギー政策

日本はエネルギーのほとんどを海外、特に中東からの石油輸入に依存してきた。こうした状況から脱却するため、かつては原子力発電への依存度を高めようとし、さらに多くの先進国が開発を断念した核燃料サイクルの可能性を追求してきた。一方で、一時は世界に先行していた再生可能エネルギーの利用は遅れてしまった。

ドイツなどにならって導入した再生可能エネルギーの全量買取制度（FIT）は、副作用の検討が十分ではなかったために見直しが必要になっている。

キーワード

エネルギー・バランス表　一次エネルギー
二次エネルギー（最終エネルギー）　再生可能エネルギー
エネルギー基本計画　自給率　原子力発電所
ベースロード電源　核燃料サイクル
固定価格買取制度（FIT）

1　原発事故前のエネルギー事情

(1) エネルギー需給の構造

ある国が1年間に、どのようなエネルギーをどう使ったかを行列形式で表示したものが**エネルギー・バランス表**であり、日本では資源エネルギー庁が毎年公表している。エネルギー・バランス表には、自然のままの形の「**一次エネルギー**」(原油、石炭、天然ガス、原子力など)をどの程度使い、それがエネルギー転換部門(発電所、石油精製施設など)によって、ガソリン、重油、電力などの使いやすい形(「**二次エネルギー**」または「**最終エネルギー**」)にどのように加工され、それらの二次エネルギーが家庭や産業や運輸部門などで、どのように使われたかが示されている。この統計に即して、原発事故が起きる前の2009年度の日本のエネルギー需給を見てみよう。

一次エネルギーの供給を見ると、化石燃料への依存度が82.9%であり、アメリカやイギリスと並んで高かった。化石燃料とは有機物が長期間を経て変成してできた燃料であり、枯渇性資源である。また燃焼に伴い二酸化炭素が放出される。化石燃料の内訳を見ると、天然ガスと石炭への依存度が上昇してきたものの、一次エネルギーの半分近くをなお石油に依存していた。**再生可能エネルギー**の構成比は水力を含めてもわずかであった。

エネルギー自給率は、準国産と呼ばれることもある原子力発電を含めた場合でも、18.8%と低く、原子力発電の原料となるウラン鉱石も全量を輸入に依存していた。原子力発電も輸入とみなせば、自給率は7.2%に過ぎなかった。また、原油輸入の中東への依存度は低下した時期もあったが、近年では9割程度と欧米の2割程度に比べて際立って高まり、化石燃料の自主開発比率(日本企業が参画する内外の権益からの引取量の比率)も2割台であり欧米に比べると低かった。電源別発電電力量構成比を見ると、原子力とLNGが3割ずつ、石炭が25%、水力(揚水を含む)、石油などが各8%となっていた。日本はアメリカ、フランスに次ぐ原子力発電能力を持っていたが、設備利用率（稼働率）は低かった。一方、再生可能エネルギーについては、かつて補助金で振興していた太陽光発電では発電量でみて世界の12.2％を占めていたが、風力発電や地熱発電は遅れていた。

上記のような一次エネルギーが、発電や石油精製といった部門で転換され、転換に伴うロスが3割程度あるので、7割程度の最終エネルギーとなって使われていた。日本はエネルギーの使用効率は高く、GDP当たりのエネルギー消費量は世界の最低水準であった。これには円高でGDPが大きめに評価されていたことの効果も含まれているが、物価水準の差を調整した購買力平価で見ても、世界有数の効率である。最終エネルギー消費を、運輸部門、民生部門、産業部門に分けると、民生部門（家庭消費 ＋ 事務所・ビル・三次産業施設）の伸びが高かった。

（2）かつてのエネルギー政策

2010年に策定された**エネルギー基本計画**では、こうした点を踏まえて**自給率**を2030年に倍増することとし、そのために再生可能エネルギーの導入を拡大するとともに、**原子力発電所**の新増設を進め、原子力発電の比率を45％に上昇させることとしていた。具体的には2030年までに「少なくとも14基以上」の原子力発電所の新増設を行うとともに、設備利用率も上げることとしていた。「少なくとも」と「以上」という言葉は重複しており、公的な文書としては異例の表現であるが、当時の関係者の強い思いの反映なのかもしれない。

原子力発電は、化石燃料を燃焼させないので、温室効果ガスの排出抑制にも大きく寄与すると期待されていた。また、調達先を比較的分散できる天然ガスへの依存度を上げることや、新しい二次エネルギーとして水素エネルギーの開発・利用を推進することなどが掲げられていた。

このエネルギー基本計画は、化石燃料への依存度削減や温室効果ガスの排出抑制などの面で持続可能な成長を追求したものではあったが、主に原子力発電への依存度の引き上げに頼るものであったため、後述のように2011年の原発事故や高速増殖炉の行き詰まりから大幅に見直さざるをえなくなった。

一方で、エネルギー消費を節約するという方向での政策対応は、日本のエネルギー効率が高かったことや、原子力発電に期待していたことなどから、比較的手薄であり、諸外国に見られるような、都市への自家用車乗り入れの規制・課金や炭素税の導入は遅れていた。

(3) 異質だったエネルギー規制

エネルギー産業は規模の経済（第11章「環境とエネルギーの技術」を参照）が大きい。また供給にはネットワークが不可欠であるうえに、生活や産業の基盤でもある。このため、各国では比較的強い公的規制が行われている。日本では、原子力発電所の安全確保を担当する原子力保安院も経済産業省の下にあるという特殊な体制が取られてきたが、OECD（経済協力開発機構）やIAEA（国際原子力機関）は多くの先進国のように独立機関がエネルギー産業の規制にあたるべきであると勧告していた。また、電力料金が資産（発電所や使用済み核燃料も含む）額を基に決められるという総括原価方式によって決められてきたことが、原子力発電への傾斜を強めた１つの要因になっていた。

一方、多くの先進国で導入されている発送電分離が日本では見送られてきたため、各電力会社は地域独占の色彩が強く、発電事業者間の競争を通じたコスト低減圧力は小さかった。また、地域間の電力融通は限定的なものにとどまり、太陽光や風力などによる発電の広域的利用体制の整備が遅れるとともに、災害にも脆弱な供給システムになっていた。

さらに、かつては発電所に関する環境アセスメントを環境省ではなく例外的に通商産業省（当時）が所管していたり、2013年の法律改正の前までは大気や水の汚染に関する法律（大気汚染防止法と水質汚濁防止法）では放射性物質による汚染が適用除外となっていたりしたことなどに見られるように、エネルギー政策と環境政策の連携が弱かった。

2 原子力発電のコストと核燃料サイクル

（1）原子力発電の経済性

原子力発電は運転時には化石燃料を使わず、二酸化炭素も排出しないという特性があるが、それに加えて、コスト面での優位が大きいと電力業界や政府は主張してきた（図表14-1参照）。しかし、こうした議論に対しては原発事故の前から、大島（2010）[1]などから電力会社の財務データなどに基づいた疑問が呈されてきた。こうした議論には以下のような様々な論点がある。

第1に原子力発電のコストには、研究開発費を含めるべきではないかという点である。確かに原子力の開発には、放射性廃棄物処理の分野も含めて、膨大な研究費が投じられている。しかし、再生可能エネルギー関係にも研究費は使われており、原子力発電のコストにだけ研究開発費を含めるのはバランスを欠くとの反論もある。

第2に、地元に支払う立地対策費も含めて、原子力発電の費用を考えるべきであるとの指摘もある。これも一理ある指摘ではあるが、こうした対策費は生涯学習センター、プール、宇宙館などの施設建設に充てられ、その施設などから地元の人々がサービスを享受するので、純粋の意味の発電コストではないと

エネルギー源	円/kWh
太陽光	49
風力（大規模）	10～14
水力（小規模除く）	8～13
火力（LNGの場合）	7～8
原子力	5～6
地熱	8～22

図表14-1　原子力発電のコストに関するかつての政府の説明
（出所）　資源エネルギー庁『2010年版　エネルギー白書』。

1）　大島堅一（2010）『再生可能エネルギーの政治経済学――エネルギー政策のグリーン改革に向けて』東洋経済新報社。

の解釈もできる。

第３に、原子力発電所とセットで建設されて使われてきた揚水発電所のコストも含めて考えるべきであるとの見方もある。揚水発電とは、水位の高低差のある貯水池を２つつなぎ、夜間などの電力余剰時には、下の貯水池から上の貯水池に水をくみ上げ、昼間などの電力不足時には水を上の貯水池から落として発電をする施設である。原子力発電は、いわゆる**ベースロード電源**であり、季節や天候に左右されずに安定的な発電ができる一方で、一度発電を立ち上げると出力調整が困難であり、負荷を下げると問題が起きる。そのため電力需要の少ない時期には、電気の受け皿（使い途）を用意しなければならない。この目的で全国各地に約50カ所の揚水発電所が作られている。本質は蓄電設備であるが、出力は相当に大きく、例えば群馬県上野村の神流川発電所は世界最大級で、総出力で福島第一原子力発電所の１号機～４号機の合計とほぼ同じである。また起動してわずか数分で大出力になるため、需給調整上は便利な設備である。ただし、こうした性格のために、稼働率はかなり低く、発電単価も高いものになっている。なお、原発事故後に夏の電力不足が懸念された際には、電力業界は供給能力に揚水発電所を算入することを渋っていた。その理由としては、貯めるべき電力がどれだけ作れるかわからなかったこと、節電の気運に水をさしたくなかったこと、原発再稼働に不利になるとの懸念があったこと、などが考えられる。

揚水発電所の蓄電機能は、原子力発電以外によって作られた電力にも使うことができる。例えば太陽光発電や風力発電などの不安定性を補う手段にもなるので、原子力発電のコストを押し上げる要因としてのみカウントするのはバランスを失するとも考えられる。

第４に、使用済み核燃料の処理や将来の廃炉などの、いわゆるバック・エンド・コストの問題がある。使用済み核燃料の最終処理場の目処はついておらず、これまでは全量再処理するという方針の下で、原子力発電所の内部や青森県六ヶ所村に暫定的に保管されてきた。放射性廃棄物は長期にわたって厳重な保管が必要であるが、そのコストが過小評価されているとの指摘もある。

第５に、事故に伴う費用を勘案する必要性も考えられる。これには事故対策、汚染水処理、廃炉などの費用のほかにも、化石燃料への代替や賠償に必要な費用、さらには賠償の対象にはならない社会的なコストなども含むべきと考えられる（第１章のコラム②「原発事故と被害額」を参照）。

これまで５つの要因について見てきたが、いずれも正確な評価は容易ではない。これらに加え、コスト比較には化石燃料の価格や金利などの想定も重要である。しかし総じて言えば、原子力発電は必ずしも低コストではない可能性があるとの認識が広まってきた。事実、アメリカ議会予算局などによる海外の試算例では、石炭火力発電などに比べて高いケースもある。ただし、既存の原子力発電所のコストの多くは設備費などのサンク・コストであることにも注意が

コラム① ▶原子力発電のサンク・コスト

コストのうちで、支払済みまたは支払約束済みで、戻ってこないものがサンク・コスト（埋没費用）である。例えば、同等の結果をもたらす２つの選択肢があるとしよう。どちらの選択肢に対しても費用を支払う前であれば、総費用の安いほうを選ぶべきということになるが、支出済みの費用の中に回収不可能なものがある場合には、どちらを選ぶべきかは、総費用の比較ではなく、埋没部分（すでに支払ってしまって回収不能な部分）を除いた費用の比較によって決まることになる。

原子力発電の場合には、今から操業を停止しても、原子炉の建設や原子力技術者の養成などに費やされたコストの回収は困難であり、他の用途への転用もできない。また、すでに大量に存在する核廃棄物の処理の問題は、原子力発電を止めても消滅するものではなく、何らかの対応策を講じる必要がある。こうしたことから、総費用で見て原子力発電がコストの高いものであったとしても、サンク・コストが多いことから、今後とも原子力発電を続けることのほうが有利である可能性もありうる。

一方で、人々や組織の判断には、どれだけのサンク・コストを投じてきたかも影響することが多いことに注意が必要である。多額の投資をしてしまったプロジェクトに未練を感じて撤退の決断ができず、結果的に「あの時撤退しておけばよかった」という状況になることも多い。第3章のコラム①「核燃料サイクルに関する日本のジレンマ」で述べた「原子力関係者の夢と意地」も、こうした問題と密接に関係している。

必要である（コラム①「原子力発電のサンク・コスト」を参照）。

なお、狭義の経済コストからは離れるが、原子力発電所がテロなどの攻撃に弱いことを不安視する見方もある。原子力発電所の場合には、事故や破壊が重大な汚染を招く可能性があるからである。

（2）核燃料サイクルとプルサーマル

日本が、かつての目論見とは異なり**核燃料サイクル**を実現する可能性が低くなっているにもかかわらず、核燃料サイクルの断念に至れない事情については、第3章「枯渇性資源と持続可能性」のコラム①「核燃料サイクルに関する日本のジレンマ」で述べたとおりである。高速増殖炉の実現が遅れる中で、再処理後の核燃料を普通の原子炉に混ぜて入れるというプルサーマル方式が一部の原子炉で採用されてきた。これは作ってしまったプルトニウムを使うための苦肉の策であって、原子炉に当初の設計以外の燃料を入れることを懸念する見方もある。再稼働が申請されている原子力発電所の中にも、プルサーマル方式を予定しているものがある。

3　原発事故後の原子力発電に関する政策

（1）計画停電と浜岡原発の発電停止

2011年3月の東日本大震災の直後には多くの原子力発電所が操業を停止した一方で、遊休中の火力発電所もすぐには稼働させることができなかったために、東日本では深刻な電力不足に陥り、地域と時間を決めて電力供給が停止されることとなった。いわゆる計画停電である。この措置は、大震災後の混乱をいっそう深刻にしたばかりでなく、福島の原発事故への不安とあいまって、経済活動の大きな制約要因となった。

一方、他の原子力発電所についても、地震や津波に弱いのではないかとの懸念が高まり、菅首相（当時）は、2011年5月に中部電力に対し、浜岡原子力発電所のすべての原子炉の運転停止を要請し、中部電力はこれに応じた。マグニチュード８程度の規模と想定されている東海地震が30年以内に発生する可能性が87％と高く推計されていることや、浜岡原子力発電所の立地が想定されている震源地の真上にあることがこの要請の背景にあった。

（2）大飯原発の再稼働

原子力発電所の安全性に関する不安が高まる中で、定期点検を終えた各地の原子力発電所の安全性の確認をどのように行うかについての議論がまとまらず、2012年５月にはすべての原子力発電所が稼働を停止した。その後同年７月には、夏場の電力が不足し計画停電の再実施が避けられないとの電力業界の説明に応じて、野田首相（当時）が主導する形で福島の原発事故後では初めて大飯原子力発電所が再稼働された。しかし事後的に見ると、同年夏の電力需要は、猛暑にもかかわらず、地域間の電力融通で十分に乗り越えられたものであり、原発の再稼働は必要なかったとの指摘もなされている。その後、2013年９月には大飯原発は定期点検に入り、日本の原子力発電所の稼働は再びゼロになった。さらにその後、2015年８月以降、九州電力川内原子力発電所の２基などが再稼働にいたっている。

（3）３つのシナリオに基づく国民的議論

2012年に当時の民主党を中心とする政府は、「国民的議論」に向けて、2030年の発電に占める原子力依存度を０％、15％、20％～25％とする３つの選択肢を提示して、各地での意見聴取や意見の公募を行った。また新しい試みとして、討論型世論調査（第８章「社会的意思決定」のコラム②「環境問題とエネルギー問題に関するガバナンス改善のための様々な模索の例」を参照）を実施した。その結果は、０％への支持が多かった。政府は９月に、目標時期を約10年遅らせて「2030年代に原発稼働ゼロを可能とするようあらゆる政策資源を投入する」とする戦略を作ったが、その閣議決定は避ける一方で、着工済みの原子力発電所の工事を継続することは容認する姿勢を示した。

(4) 政権交代と新しいエネルギー基本計画

2012年の暮に誕生した第２次安倍政権では、この「戦略」にとらわれず「2013年内を目途に新しいエネルギー基本計画を策定」するとする一方で、原子力発電所の新規制基準に基づく再稼働申請を受け付けはじめた。また原発輸出に関しても積極的な姿勢を見せている。予定を大幅に遅らせて2014年４月に閣議決定された新しいエネルギー基本計画では、原子力発電は「重要なベースロード電源」と位置づけられたが、将来の電源構成の数値はまだ示されず、高速増殖炉や核燃料サイクルについての判断も避けた内容となった。

2015年７月に政府は、2030年の温室効果ガスの排出抑制目標の提出にあわせて「長期エネルギー需給見通し」を作成した。そこでは将来の電源構成に関して原発依存度の低減を図るとしながらも2030年度の原子力の比率を20～22％とした。すべての稼働可能な原子力発電を再稼働させても稼働40年との原則（原発廃炉40年ルール）を守る限りはこの数字は達成できない。核燃料サイクルについては、「安定的・効率的な実施」との趣旨が盛り込まれた。

なお、この需給見通しでは、多くの先進国では廃止の方向が打ち出されている石炭発電の比率が26％と高く設定されている。石炭発電は高効率のものであっても温室効果ガスを多く排出するので、国際社会から批判を浴びている。

4　再生可能エネルギー政策

(1) 化石燃料からの脱却

第３章で見たように、原油と天然ガスの可採年数は昔に比べあまり変わっていない。しかし、そうした傾向が今後も続くとは限らない。また、エネルギー価格の変動は大きく、輸入が滞る可能性もなくはない。国民生活や経済活動の基盤であるエネルギーを化石燃料輸入に依存することは、安定性や温暖化防止の観点からも問題がある。一方で原子力発電にも、上述のように安全性を懸念

発電設備量	日本(万 kW)	世界(万 kW)	日本の世界シェア(%)
太陽光	2,330	18,040	12.9
風力	284	37,296	0.8
地熱	54	1,259	4.3
水力（揚水を含む）	4,893	101,241	4.8

発電量	日本(TWh)	世界(TWh)	日本の世界シェア(%)
太陽	19.4	185.9	10.4
風力	5.1	706.2	0.7
地熱、バイオ、廃棄物	27.0	508.5	5.3
水力（揚水を含む）	87.5	3,884.6	2.3

図表14-2　日本の再生可能エネルギー発電の世界に占めるシェア
（注）水力の発電設備量のみ2012年、他はすべて2014年。
（出所）資源エネルギー庁、IEA、BP（*Statistical Review of World Energy*）。

する声や使用済み核燃料の処理の問題があるし、核燃料サイクルが実用化されない限りは資源量という観点から見ても限定的である。

こうした中で、持続可能性のある再生可能エネルギーへの注目が高まった。日本では1994年に家庭用太陽光発電に関する公的補助金が創設されたが、これが2005年に打ち切られたこともあって、その後の普及は停滞し、諸外国に遅れをとってしまった。内訳を見ても図表14-2に示されているように太陽光に大きく偏っており、風力の利用は遅れている。地熱の利用も、その資源量の割には遅れている（第12章「経済成長・経済発展と環境」のコラム①「地熱発電」を参照）。

(2) 固定価格買取制度

2012年7月から、再生可能エネルギーの**固定価格買取制度**（**FIT**：Feed-in Tariff）がスタートした。新制度では、①余剰分だけではなく、全量を固定価格で買い取ること（ただし住宅用などの小規模太陽光発電からは従来どおり余剰分のみの買い取り）、②売電目的の施設からも全量を買い取ること、が特徴であり、各地でメガ・ソーラーなどが続々と建設された。電力会社による買取価格は、電力の販売単価よりかなり高いので、余剰分のみの買い取りに比べて、全量買取はその価格差に自己使用分をかけた金額だけ収入が増えることになり、設備を設置することのメリットが大きくなる。ただし、節電のインセンティブ（誘因）は小さくなる。余剰電力買取の場合では、1 kWh を節電すれば、買取価格分の節約になるのに対して、全量買取の場合は、電力販売価格分の節約にしかならないからである。買取価格は、業界からのヒアリングに基づいて決められた。買取価格は毎年改定されるが、1つの設備については決まった単価は長期間（原則20年）固定されるので、早く設備を設置することに大きなインセンティブがある。上記のように単価に逆ザヤがあるが、これは一般の電力価格に「サー・チャージ」として上乗せされることになった。

このような制度はドイツなどで導入され、再生可能エネルギーの普及に大きな役割を果たしたが、一方で、買取量の増加に伴う電力料金の上昇や電力ネットワークの安定性確保のための投資が必要になるという副作用を生んでいる。発電方法や規模別に買取価格が設定されたことで、コストの高い発電方法が国

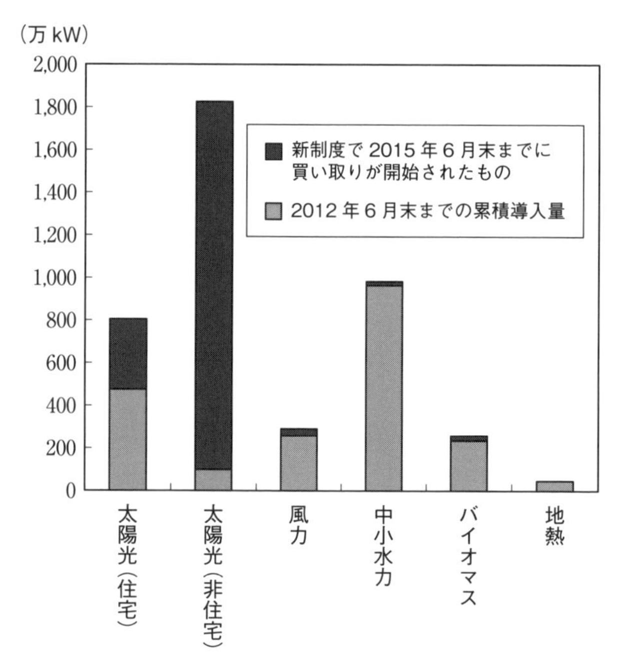

図表14-3　固定価格買取制度の実績

（出所）資源エネルギー庁。

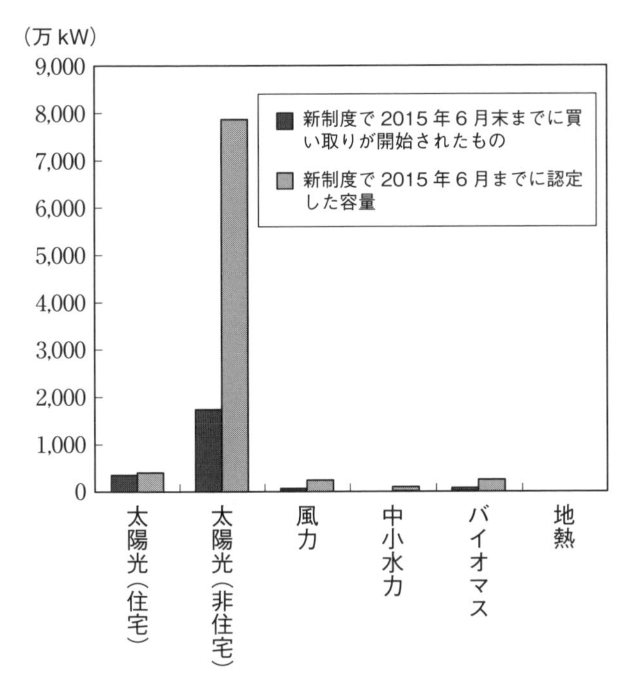

図表14-4　再生可能エネルギーの導入量と認定容量
（出所）資源エネルギー庁。

民負担を増やすリスクや、早期の大量の導入が将来の高効率設備の普及を妨げることになるというリスクも残された。

(3) 固定価格買取制度の効果

この固定価格買取制度（FIT）の運用の状況を見ると、ドイツなどで起きた副作用の経験を十分に踏まえずに導入したために、以下のような様々な問題点が発生した。

①図表14-3に示されているように、制度発足後の導入が太陽光発電に大きく偏っている。陽の当たる土地さえあれば設置できるという太陽光発電の特性に加えて、その買取価格が高めに設定されたことが背景にある。経済的な効率性からすれば、発電方法を区別することなく、同一の買取価格を設定するべきであった。

②図表14-4に示されているように、認定されただけで、稼働していない設備が大量にある。高い買取価格の権利を確保したうえで、将来の設備価格の低下を待って設備投資をしようという事業者が多かったためと考えられる。このことは、国民に重い負担を強いることにつながろう。

③買取価格のみが決まっていて、総量の上限がなかったために、電力会社の接続能力を超える申し込みが殺到した地域もあった。エネルギー基本計画などに基づいて将来の導入目標を決め、その範囲内で、入札によって安い順に購入していくような、競争メカニズムを利用したアプローチのほうが望ましかったと思われる。

こうしたことから、この固定価格買取制度は見直しが行われた。まず2014年度以降に認定された50kW以上の太陽光設備については、半年以内に土地と設備を確保できなければその認定が失効することとなった。また2012年度中に認定を受けたが運転を開始していない400kW以上の設備に対しては、聞き取り調査が開始された。

なおこのほかに、サー・チャージの算定方法をめぐる批判もある。再生可能エネルギーの購入に伴い、電力会社は自前の発電を減らすことになるが、その際にはコストの高い発電方式から削減している。しかし、サー・チャージの算定に際しては、平均的な発電コストを用いて逆ザヤを計算しており、これが不当であるとの批判である。

(4) 固定価格買取制度の見直し

見直しはさらに続けられ、2015年1月に公表された固定価格買取制度（FIT）見直しのポイントは、以下のようなものとなった。

①太陽光発電と風力発電については、電力需給が超過供給となった場合に接続を無補償で制限できる設備に、より小規模なものも含めるようにした。制限できる上限をそれまでの30日/年から、太陽光発電については240時間/年に、風力発電についてはその倍に変更する。

②ベースロード電源である地熱発電と水力発電については、原則として接続を制限しない。

③バイオマス発電については、キメの細かい出力制御ルールを新たに設定する。

④再生可能エネルギーによる発電の接続申込量が接続可能量を上回る見込みの電力会社は、①の上限を上回って接続を制限することができる。

⑤電力会社への電力の販売価格は、原則として接続申込時のものではなく、接続契約時のものとする。

こうした修正によって、電力会社が太陽光発電などによる電力を高価格で購入して国民負担が増えることや、電力を大量に購入して出力が不安定になることについての不安には歯止めがかかった。その一方で、①や④の見直しポイントについては、販売を予定する事業者の立場から見ると、事業採算の不確実性が増すことを意味する。

コラム2 ▶風力発電の新展開

図表14-2から図表14-4に見られるように、日本では風力発電の普及が進んでおらず、固定価格買取制度の導入後でもほとんど伸びていない。欧州とは条件が異なって風向が安定しない一方で時折台風が来ることや、国土が狭い中で低周波や騒音の問題に配慮する必要があることなどがこうした状況の背景にあると言われてきた。しかし、前者の風向の問題に関しては、回転軸が垂直方向の風車であれば、風向が安定しないことは必ずしもデメリットにならず、技術開発も進んでいる。また、横軸型の風車に関しても、羽根の周りの空気の流れを効率化する風レンズなどの開発がなされてきた。

後者の環境被害の問題への対策としては、国が洋上風力発電の実験を行ってきたが、着床式については建設費、維持費ともに陸上に比べて相当高くつくことがわかった。浮体式に関しては環境省が長崎県で、経済産業省が福島県で、それぞれ実証事業を行い、長崎県沖では2016年に実用化運転が開始された。

一方、ユニークな発想に基づく風力発電の試みがアメリカのベンチャー企業などで行われている。1つは筒状の飛行船を空に上げて、中空の部分に置かれた羽根を回して発電を行うものである。もう1つはプロペラの付いた飛行機のようなものを凧のようにワイヤーで揚げて、これが空を駆けめぐりながら発電をするものである。また、イタリアでは、上空に揚げた凧をコンピュータ制御で操作し、ケーブルの張力の差から発電を行う研究が進められている。

コラム３ ▶シェール・ガスとメタン・ハイドレート

　シェールとは頁岩（けつがん）のことであり、従来から石油や天然ガスの成分を含むものがあることが知られていた。近年、圧力をかけてそれらの成分を取り出す技術が実用化され、アメリカを中心にシェール・オイルやシェール・ガスの生産が急増した。アメリカのエネルギー情報庁（EIA）は、シェール・ガスの天然ガス生産に占める割合が2030年代後半には50%を超えていくという見通しを公表している。「シェール革命」という言葉も生まれ、エネルギー情勢に大きな影響をもたらした。しかし、薬品を含んだ大量の水で圧力をかける水圧破砕法によって採り出すことから、環境に及ぼす影響も懸念されており、規制が強化される傾向にある。また、１つのガス井戸から採掘できる量が比較的限られていることなどから、一時の熱狂は覚めてきている。積極的な投資をした日本の商社の中でも巨額の損失を計上するところが出てきた。

　一方のメタン・ハイドレートは、メタン・ガスが深海の低温高圧の条件の下で水分子と混じりつつ固体になったものである。日本の近海にも豊富に存在しており、日本の天然ガスの使用量の百年分が存在しているとの推計もある。最近、海底の表面に露出している「表層型」のものや海中に突き出しているメタン・ガス気泡の柱（＝メタン・プルーム）があることがわかり、採掘コストが安くなることが期待されている。ただしメタンは地球を温暖化させる効果が強いガスであり、こうした面からの注意が必要である。

　さらに、2017年度からは大規模太陽光発電への入札制の導入や、未稼働設備の認定失効など、かなり大規模な変更が行われることになった。

（5）電力自由化と再生可能エネルギーの導入見通し

　一方、電力の自由化が進められ、2016年には小売りが全面自由化された。さらに2020年には、電力会社の送配電網を発電部門と切り離す「発送電分離」が実現することになった。こうした変化も再生可能エネルギーによる発電の促進要因になることが期待される。

　しかし、上述の2015年の「長期エネルギー需給見通し」では、2030年度の発電に占める再生可能エネルギーの比率は22%～24%程度とされている（内訳は、水力が8.8%～9.2%程度、太陽光が7.0%程度、風力が1.7%程度、バイオマスが3.7%～4.6%程度、地熱が1.0%～1.1%程度、である。2013年の比率は全体で10.3%)。しかし2014年にすでに、ドイツで27.3%、アメリカのカリフォルニア州で30.2%と、この目標とされる数字を上回る比率がすでに達成されている。再生可能エネルギーによる発電のコストが下がってきたことや、輸入エネルギーを用いた発電より再生可能エネルギーを用いた発電のほうが雇用創出効果や地域活性化効果が高いことなどを勘案すれば、この目標数字はかなり消極的なものであると言えよう。

5　非伝統型エネルギーとエネルギーの輸入価格

原子力発電所の事故もあって、日本のエネルギー源に占める天然ガスの重要性は増している。天然ガスについては、長期安定供給を確保するとの観点か

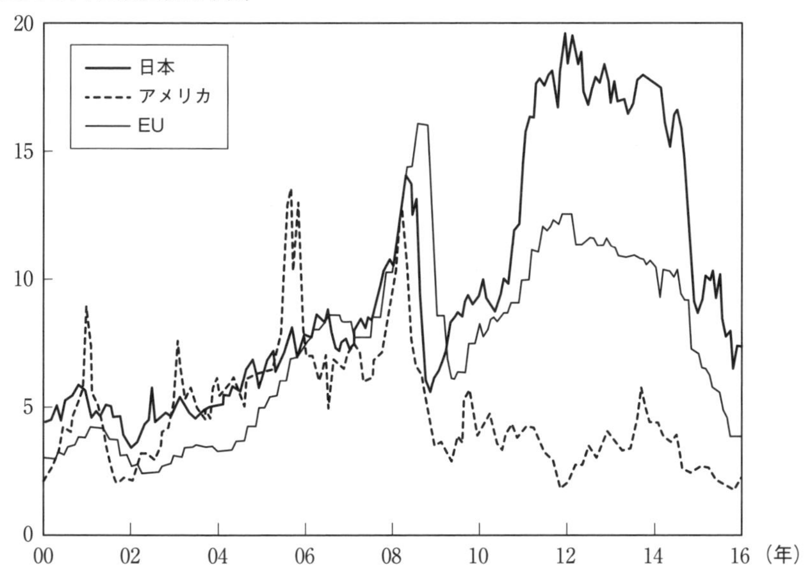

図表14-5　日米欧が購入している天然ガスの価格（2000年～2016年6月）

（注）日本はインドネシア産LNG、アメリカは国内市場、EUはロシア産LNGの価格である。
（出所）IMF, *Primary Commodity Prices.*

ら、輸入価格が原油価格に連動するような契約が結ばれてきた。ところが、海外ではシェール・ガス（コラム③「シェール・ガスとメタン・ハイドレート」を参照）などのいわゆる非在来型天然ガスが大量に生産されるようになり、天然ガスの価格は大幅に下落した。このため図表14-5に示されているように、日本の天然ガスの輸入価格は国際的に見て相対的に高いものになり、これをいかに引き下げていくかが大きな課題となっている。また、メタン・ハイドレート（コラム③を参照）の活用の可能性についても、見きわめていく必要がある。

復習問題

①エネルギー・________表には、一次エネルギーがエネルギー________を経て最終消費されるまでの流れがを示されている。

②2011年に原子力発電所の事故が起きる前の日本のエネルギー需給の特徴としては、自給率が________いこと、エネルギー効率が________いこと、原油輸入の中東依存度が________いことなどがあげられる。また一次エネルギーの半分近くを________に依存していた。電源別発電電力量構成比は原子力とLNGがそれぞれ________割程度であった。

③政府や電力業界は、原子力発電はコストの________い発電方法であると説明してきたが、電力会社の財務データなどに基づき、そうではないとの指摘もなされてきた。________開発費や________対策費を含めるかどうか、________発電を原子力発電とセットで考えるかどうか、核廃棄物処理などの________の費用をどの程度と見積もるのか、さらには________が起きる確率やその場合の被害をどのように見込むのか、といった点が議論されている。

④日本は使用済み核燃料から________によって________を抽出して________炉を使って再び発電をする構想を推進し続けてきた数少ない国の1つである。しかし、トラブル続きでその実現の目途はたたず、普通の原子力発電所でプルトニウムも燃やすという________方式がいくつかの原発で行われてきた。「もんじゅ」についてはついに廃炉の方向が打ち出されたが、再処理をしないとすると、使用済み核燃料の________処分場を探す必要があることもあ

り、今後は________の実用化を目指すとしている。

⑤2010年に策定されたエネルギー基本計画では、エネルギー________率を2030年に倍増させるとし、電源構成に占める________発電の比率を大幅に上昇させることとしていた。一方で、諸外国に見られたような________への自家用車乗り入れ規制・課金や________税の導入は遅れていた。

⑥電力などのエネルギー産業は日本でも________が実施されていたが、その方式が国際________ではないと国際機関から指摘されていた。________分離も見送られてきたので、電力会社は________独占の色彩が濃く、自然エネルギー導入や災害の際の電力の融通の体制が十分ではなかった。電力料金をコストに応じた________方式で決めてきたことも問題だとする指摘がある。

⑦2012年に政府は将来の発電に関する3つの選択肢を提示して________型世論調査を含む「________的議論」を行った。それを踏まえ2030年代には原発稼働ゼロを目指すとした。しかし、その後誕生した第2次安倍政権が2014年4月に策定した新エネルギー基本計画では、原子力発電を「重要な________電源」と位置づけ、原子力発電所の輸出にも積極的である。

⑧日本の再生可能エネルギーによる発電の世界に占めるシェアを見ると、________は比較的大きいが、________は非常に小さい。________は世界第3位の資源量がある割には小さい。政府の長期エネルギー需給見通しでは2030年の電源構成に占める再生可能エネルギーによる発電の比率は水力を入れても約________割となっている。アメリカのカリフォルニア州や固定価格買取制度を早期に導入した________などでは、2014年にすでにこの比率を上回っている。

⑨________年から日本でも再生可能エネルギーの固定価格買取制度（FIT）が始まった。これは________用太陽光以外については、発電されたすべての電力を長期間にわたって、________価格で電力会社が買い取るという制度であり、________く始めたほうが高い価格で買い取ってもらえる制度である。買い取りに伴うコストは一般の電力料金に________として上乗せされる。

⑩固定価格買取制度導入後の実績を見ると________発電に著しく偏り、認定だけで________を開始していない設備が多いなどの問題があり、見直しが行われた。

第15章

経済活動の国際化と環境・エネルギーの課題

経済活動の国際化や環境意識の高まり、さらには新興国の経済発展に伴って、国際的な環境問題も増えてきている。こうした問題の解決には、国際的な合意が必要であり、難航することも多い。ルールが十分に確立していないものもあり、発展途上の分野である。

本章では、まず国際環境問題と言われているものを概観したうえで、自由貿易原則との関係を議論する。そのうえで日本が直面しているいくつかの問題について見ていこう。

キーワード

GATT（関税及び貿易に関する一般協定）
WTO（世界貿易機関）　自由貿易　最恵国待遇　関税
内国民待遇　比較優位　保護主義　PPM
自由貿易協定（FTA）　経済連携協定（EPA）
TPP（環太平洋［戦略的］経済連携協定）　ISD 条項
PM2.5　商業捕鯨と調査捕鯨

1 主な地球環境問題と国際交渉を困難にしている要因

地球環境問題とは、環境問題の中で原因や被害が多くの国々にまたがっており、国際的な取り組みが必要とされるものである。図表15-1では、主な地球環境問題とそれに対する国際的な取り組みを示している。第13章「地球温暖化問題と日本の選択」で説明した地球温暖化問題に関する取り組みが難航してきたことに象徴されるように、国際的な取り組みによって成果をあげることは容易ではない。

国際的な問題の解決を困難にしている要因はいくつかあげられる。まず第1に、国家主権の存在である。ある国が別の国の政府に何かを強制することはできない。国の枠を超えて補償や罰金などを定めることも容易ではない。政府と国会の関係や政府と民間の関係が国ごとに異なることが、問題をさらに複雑にしている。また尖閣諸島問題のように、資源をめぐる問題が領土問題と絡んでいる場合がある。

第2に、発展段階の多様性があげられる。これから豊かになろうとしている国は、先進国に排出の既得権を与えるべきではない、と考える。また、自分たちも豊かになる過程では、ある程度は排出を増やす権利がある、と考える。

第3に、技術移転の問題がある。例えば先進国が開発した汚染防止技術にはコストがかかっている。それに報いないと、次の技術革新のインセンティブ（誘因）がなくなる。しかし、開発途上国側は資金力も乏しく、そうした技術を無償または安価で入手したがる。

第4に、文化・歴史・価値観の違いがあげられる。ある国では伝統的に行われていたことでも、別の国から見れば環境破壊行為に見えることがある。

こうした要因のほかにも、国際交渉が過去に比べてまとまりにくくなったことの背景にあると考えられるのが、超大国の指導力の低下と、それを補うべき国々の力不足である。かつてはアメリカが圧倒的に豊かで、軍事力や資金力を背景に他国を説得する強い力を持っていた。また、アメリカが掲げたビジョンはそれなりに大義と説得力があったことである。しかし、アメリカの経済力が相対的に低下するとともに、国内の諸問題が深刻化したこともあって、世界のためのビジョンを創り出す力が低下し、自国中心の観点から国際交渉に臨むことが多くなってきた。一方で、それを補うべき立場にある中国や日本は受け身的な対応が多く、国際的なリーダーシップを十分に果たせていない。欧州諸国はリーダーシップのうえでは健闘しているが、提案を裏づける経済力に不安が大きい。こうした問題は、地球環境問題だけでなく、WTO（世界貿易機関）におけるドーハ・ラウンドの難航など、国際貿易の分野でも生じている。

2　自由貿易原則と保護主義

次に、**自由貿易**とエネルギー・環境との関係を見てみよう。第2次世界大戦の原因の1つが、主要国が自分の勢力範囲の周囲に関税（後述）による障壁をめぐらして経済のブロック化が起きたことであるとの反省の下に、大戦後には自由貿易の原則が国際的な合意として確立された。

（1）自由貿易の原則

貿易に関する国際的なルールは**GATT**（**関税及び貿易に関する一般協定**）で定められ、それが1995年に**WTO**（**世界貿易機関**）という国際機関になったが、そこで定められた**自由貿易**の原則は2つある。

第1は、**最恵国待遇**であり、すべての国に同じ貿易条件を適用することである。貿易条件の典型的なものは輸入する際に課される**関税**である。同盟国からの関税は安くするといった措置は講じてはいけないということである。

第2は**内国民待遇**である。これは関税を除いて輸入品を国産品と同等に扱うことを要求している。特定の国で作られた製品は使用禁止にする、といったような規定はこの原則に違反することになる。

なお、こうした原則の下で、いくつかの例外が設けられている。主なものは、①輸入が急増した場合に輸入を制限する緊急輸入制限（セーフ・ガード）、②開発途上国支援を目的とした特恵関税、③いくつかの条件の下でより自由な

分野	問題の概要	代表的な指標	なぜ国際問題か？	解決方策	国際的な枠組み
地球温暖化	海面上昇 種の絶滅 異常気象 食糧不足等	CO_2 換算温暖化ガス濃度 平均気温	大気を共有	炭素税 排出権取引 CDM	気候変動枠組条約 京都議定書 COP パリ協定
酸性雨	有害物質の濃度上昇 河川、湖沼の酸性化 植物の生育不良 建造物劣化	SOX、NOX の濃度	大気を共有 偏西風	排出規制 石油製品の質規制	国連環境計画 東アジア酸性雨 モニタリング ネットワーク等
オゾン層破壊	紫外線の増加による健康被害 自然生態系に対する悪影響	オゾンホールの大きさ	大気を共有	排出規制 非締約国との貿易の規制	ウイーン条約 モントリオール議定書 UNEP(国連環境計画)
生物多様性	種の減少 生態系のバランス破壊 遺伝子資源の喪失	絶滅危惧種の数	国際的な開発 地域固有種の存在	保全活動 環境アセスメント 開発の抑制	生物多様性条約 ワシントン条約
熱帯林減少	種の減少 水源の劣化 地球温暖化	世界の森林面積	種の保全 地球環境への影響	違法伐採対策	G8 環境大臣会合 生物多様性条約 国際熱帯木材
海洋や国際河川の汚染	有害物質の濃度上昇 漁業資源や観光資源の喪失 生態系の破壊	汚染物質濃度 浮遊汚染物質個数 富栄養化指標	上流下流 海洋の共有	規制 オイル・フェンス等	国際海事機関 ロンドン条約 国連環境計画
有害物質の越境移動	深刻な環境汚染		先進国と開発途上国	規制 データ整備 有害化学物質の不使用	バーゼル条約 OECD 環境保健安全プログラム ストックホルム条約
砂漠化	生産力低下 食料不足 周囲の砂漠化	陸地に占める砂漠面積比率	食糧問題 周囲の砂漠化	地下水の有効利用 植林 生活改善	国連砂漠化対処条約
開発途上国の環境問題	先進国を上回る汚染 森林減少や砂漠化	各種指標	先進国の協力が必要	インフラ整備 法制度整備	国連環境開発会議

図表15-1 主な地球環境問題と国際的な対応

貿易を特定の国または国々とだけ行う自由貿易協定（後述）である。

(2) 自由貿易はなぜ望ましいのか？

経済学の観点からも、以下のような理由で自由貿易は望ましいとされている。なお、経済学で自由貿易と言う場合には、上記の２原則に加えて、関税を下げるまたは撤廃することまで意味することが多い。

第１は、得意なものを輸出しあえばお互いにメリットがある、ということである。このメリットは、生産要素（土地、労働、資本など）の賦存量や技術水準の差を背景に、国によって産業の相対的な生産性が違う場合に生じる。相対的とことわっているのは、ある国がすべての産業で貿易相手国より生産性が低い場合であっても、自由貿易によるメリットが期待できるからである。生産性の劣っている度合いの最も小さい産業の生産を増やしてそこで生産される財を輸出し、その代金で生産性の劣度のより大きい産業の製品を輸入すれば、どちらの国にも利益が生じることになる。このような意味で相対的に得意な産業のことを**比較優位**のある産業と呼ぶが、どのような国でも比較優位産業を持っている。

自由貿易はまた、水平分業のメリットももたらす。水平分業とは同じ産業の生産物をお互いに輸出しあうことである。例えば日本とアメリカはともに自動車を輸出しあっている。これは、同じ産業とはいっても両国で作る製品が違うために、日本にアメリカ車を好む人がおり、アメリカに日本車を好む人がいるからである。自動車のように人によって好みが異なる製品や、ワインや食料品のように同じ人でも様々な種類を組み合わせて消費することに価値が認められる場合には、質や仕様の異なる（経済学では「差別化された」という表現を用いることが多い）様々な製品が作られることになる。規模の経済（第11章「環境とエネルギーの技術」を参照）が大きい場合には、１つの国であらゆる種類の財を作ることが効率的ではなく、国際分業が行われることになる。

自由貿易のもう１つの重要なメリットは、競争を通じて得られるものである。企業の最適規模（第11章を参照）が国内の需要に比して十分に小さくない産業では、輸入を認めなかったり関税が高かったりした場合には、企業間の競争は活発ではなくなる恐れがある。しかし、輸入品が入ってくれば、企業はそれらと競争するために、コストの削減や新製品の開発などを迫られるようになり、消費者のメリットにつながる。それと同時に、技術進歩を通じて国内産業の体質が強化される可能性がある。これは、自由貿易の動学的な効果（ここでは、時間の経過とともに表れてくる効果との意味）とも言われるものであり、長期的には相当に大きなものであると考えられるが、効果の推計は容易ではない。

(3) 自由貿易に対する懐疑論と保護主義

ただし、自由貿易が望ましいとするこうした議論は現実的ではない、とする見方もある。そうした議論の経済学的な根拠としては、以下のようなものがあげられる。

第1は調整コストである。長期的に見れば、比較優位を持つ産業に雇用を移動させていくことが望ましいとしても、労働市場が流動的ではない場合には、当事者にとって転職のコストは大きなものになる。特に中高年層にとっては、今さら他の技能を身に付けることは難しいという側面もある。調整コストは調整に使うことのできる時間が短いほど大きくなる性質があるので、計画的に自由化を進める一方で、転職支援などの国内措置を行っていくことが重要である。

第2は、戦略的貿易政策と言われる議論である。規模の利益や習熟の利益(生産量が増えることによって、経験が蓄積されて生産性が上昇すること。生産の累積量を重視する点で、狭義の規模の利益とは異なる）が大きい産業では、高い関税などによる保護の下で、そうした産業を育成し、競争力がついた段階で国際競争に臨ませるべきだ、とする議論である。いわゆる幼稚産業育成論も、こうした発想の議論である。ただしこうした発想に基づく政策の成功例は多くはなく、政府に有望産業を見きわめる能力があるかどうかについても疑問視されている。

第3は、自然環境保護や安全などの観点である。自由化によって、望ましくない状態がもたらされるのではないかとの懸念であり、実際に問題が起きた例もある。例えば、毒物が混入した輸入食品が日本で問題になったこともある。また、日本の里山の荒廃の背景には、林産物の自由化によって安価な輸入木材が普及したことや、エネルギーの輸入によって、薪や炭の需要が激減したことがある。そうした事態を見越して適切な対応策が講じられなかった。

狭義の**保護主義**は、自由化されると競争力を失うことを恐れた関係者が、雇用や既得権の維持を目的として自由貿易に反対する動きであるが、上記のような、説得力を持ちうる様々な主張との境界は実際には明確でないことが多い。

3 自由貿易とエネルギー・環境

(1) PPM

自由貿易への懐疑論に関して説明した第3の要因は、貿易が環境に影響を及ぼす可能性を示唆している。2014年にはEUが、ロシアによる豚肉の輸入禁止措置に関してWTOに提訴した。一部の欧州諸国で発生した豚の伝染病を理由として、ロシアがEU全体に対して豚肉を輸入禁止にしたからである。環境と貿易の関係はほかにも様々な経路がある。例えば、貿易によって所得が上昇すれば環境保全を行うための余裕ができる、あるいは、貿易が収奪型環境問題（第12章を参照）を促進する可能性などである。

自由貿易原則との関係で大きな注目を集めているのが、製造過程の環境負荷が大きいことを理由に輸入禁止や輸入制限をすることは正当化されるべきか、あるいはそれは輸入国の輸出国への内政干渉なのか、という問題である。この問題は**PPM**（Process and Production Methods）と呼ばれる。

GATTでは「第20条　一般的例外」において「人、動物又は植物の生命又は健康の保護のために必要な措置」や「有限天然資源の保存に関する措置。ただし、この措置が国内の生産又は消費に対する制限と関連して実施される場合に限る」が認められているが、「差別待遇の手段となるような方法」を禁止し、「国際貿易の偽装された制限となるような方法で、適用しないことを条件とする」とされている。「環境」という言葉は明示的に規定されていないが、WTO関連のTBT協定（貿易の技術的障害に関する協定）では、明示的に環境への言及がある。

この関係では2つの事例が有名である。第1はキハダマグロとイルカの混獲問題である（1991年）。メキシコの漁船がキハダマグロを捕獲する際にイルカも混獲されているとして、アメリカがキハダマグロを輸入禁止にしたことをメキシコがGATTに提訴した。GATTのパネル（審理するために設けられた小委員会）では、自国以外での健康や環境保護を目的とする措置は正当化できないとの考え方に基づいて、アメリカの輸入禁止を違反とした。これに対してアメリカでは「GATTは環境の敵」との声が高まった。

もう1つの事例は、エビとウミガメ（絶滅危惧種）の混獲問題（1998年）である。エビの輸入を禁止したアメリカに対し、マレーシア、タイなどがパネル設置を要求した。パネルはアメリカの主張を退けたが、この時は二審制に移行していたのでアメリカは上訴した。上級委員会では、国外であっても生産方法を問題とするという発想は容認したが、米国で行っている特定の漁法の採用を義務づけていたり、中南米諸国を優遇していたことから、差別的適用であるとしてアメリカの主張は退けられた。

(2) 資源・エネルギーと自由貿易原則

環境保護を目的に掲げたレア・アースなどの輸出規制についてもWTOへの提訴が行われたことは、第3章「枯渇性資源と持続可能性」で述べたとおりである。このほかにも、アメリカによる天然ガスの輸出認可制がWTO違反であるなどの指摘もある。また、2014年にはEUが、ロシアが輸入車に課しているリサイクル料に関して提訴した。一方、ロシアは、天然ガスの生産者とパイプラインの運営者を分離するEUの政策がWTO違反だとしている。

(3) APEC

APEC（**アジア太平洋経済協力**。日本、アメリカ、中国、インドネシア、オーストラリアなど21の国・地域が参加する協議体であり、自由な貿易を実現するための活動を続けている組織）は、2010年に日本の主導の下でAPEC全体の成長戦略を策定した。その中の柱の1つがグリーン成長であった。これを受けて2012年に交渉難航の末に、各国が太陽光パネルなど環境製品54品目の関税を2015年末までに実行税率で５％以下に削減することが合意された。当時の関税率は、太陽光パネルはロシアが20％、風力発電機はインドネシアが100％、中国、韓国が８％などとなっていた。ただし、ハイブリッド車やLED（発光ダイオード）照明などに関する関税率の削減は、新興国の反対により見送られた。環境関連製品は日本の競争力の強い分野であり、日本の環境ビジネスの発展に寄与することが期待されている。

4　TPPと環境問題

(1) FTAとEPA

自由貿易協定（FTA）や**経済連携協定**（EPA）は特定の相手国との間でより自由な貿易や投資を行おうとするものであるが、貿易を中心とするものを自由貿易協定、より広範なものを経済連携協定と呼ぶ。これらは、自由貿易の原則の例外として条件付きで認められている。その条件とは、「実質上すべての」貿易について関税などを廃止すること、および協定を締結したメンバー以外への関税などを引き上げないことなどである。

GATTやWTOの下で、世界各国は最恵国待遇を原則として多角的自由化のための努力を行い、東京ラウンド、ウルグアイ・ラウンドなどの多角的交渉を行ってきた。しかし、2001年に開始された、いわゆるドーハ開発ラウンドは長期化・難航し、交渉は行き詰ってきた。

こうした中で、自由貿易協定が続々と締結されていった。日本は、多角的自由化を重視する路線を取ってきたが、自由貿易協定を積極的に展開してきた韓国の製品に対して日本製品が不利な状況に置かれはじめたことなどから路線転換し、2002年のシンガポールとの協定を皮切りに２国間の協定を結ぶようになった。

(2) TPPと環境・エネルギー問題

TPP（環太平洋［戦略的］経済連携協定。コラム①「APEC、FTAAP、TPP」を参照）の交渉は2015年10月に妥結し、協定文は明らかになったが交渉内容は公表しない合意があり、正確な情報はなお入手困難である。アメリカも含む広大な自由貿易圏ができれば、日本の製造業の活躍の余地が広がることになるであろう。一方で、環境やエネルギー観点からは、以下のような分野での影響に注意する必要がある。

①農産物の関税：日本では輸入農産物には高い関税が課せられているものが多いが、その関税が引き下げられると、関連品目の国内生産が減少し、耕作放棄地などが増えたり過疎化が進んだりする可能性がある。

②輸入食品の安全性：日本では収穫後に使われる防カビ剤を食品添加物とし、小売時点での告知が必要とされているが、これの変更を迫られる可能性がある。

③遺伝子組み換え食品の表示：日本では消費者の選択に委ねるとの観点から表示が義務づけられているが、その変更を迫られる可能性がある。

④知的所有権の重視：医薬品の特許期間が延長されたり、後発医薬品の審査に時間がかかるようになったり、手術法が特許化されたりする可能性がある。

⑤ISD条項：企業が非関税障壁のためにこうむった被害に関して、他国の政府を相手に損害賠償を求めることを保証するのが**ISD条項**である。この制度自体は新しいものではないが、審査をするのが世界銀行の傘下の機関になることから、アメリカの意向に沿った判断がなされることを危惧する声もある。ISD条項によって、国や自治体が実施している様々な制度（エコカー補助金制度、タバコ包装規制、大型店舗規制、社会貢献に熱心な企業の優遇、環境に配慮した商品の購入促進など）が問題にされる可能性がある。

⑥エネルギーや食糧の安定供給：TPPにおいて条約の締結国に対する輸出規制が制限されれば、シェール・ガスなどの非伝統的天然ガスの登場で価格が低下しているアメリカ産の天然ガスが日本に安定的に輸入されるようになったり、食糧の供給面の安定性が高まることが期待される。

コラム① ▶APEC、FTAAP、TPP

APEC（第12章「経済成長・経済発展と環境」を参照）は、1989年に設立された当初は「開かれた地域主義」という高い理想を掲げていた。これは貿易自由化に向けた協議は参加国間で行うが、その結果として実現される関税引き下げなどは域外諸国にも適用するというものである。そして1994年のボゴール宣言では「先進国は遅くとも2010年までに、開発途上国は遅くとも2020年までに自由で開かれた貿易および投資という目標を達成する」としていた。しかし、APEC参加国間で作られた様々なFTAは、他国に開かれたものではなかった。また、何をもってある国の産物と判定するかという基準（原産地規定）も様々であった。

こうしたことから、APEC地域全体を1つの自由貿易地域としようという、アジア太平洋自由貿易圏（FTAAP）の構想が提唱され、共通目標となった。しかし、これにはどのようなプロセスで共通目標に到達するかについては特定されておらず、様々な地域的取り組みや分野別取り組みを発展させていくこととしている。

TPPは、APEC参加国による多国間の経済連携協定の1つであり、当初はニュージーランド、チリ、シンガポール、ブルネイという4つの小国が始めた、質が高く（例外が少なく）、範囲の広い経済連携協定である。太平洋地域での貿易自由化の波に乗り遅れたとの危機意識を持っていたアメリカが主導して、アメリカ、オーストラリア、ベトナム、ペルー、マレーシアの5カ国を加えた拡大交渉が始まった。その後にメキシコとカナダも交渉に参加した。日本はアメリカの「予備面接」を経て、2013年7月にようやく交渉に参加した。この12カ国による交渉は難航したが2015年10月に妥結に至った。しかし2016年夏現在、アメリカのオバマ大統領の後任となるべき2人の候補はともにTPPに反対を表明しており、先行きが不透明になっている。

5　日本を取り巻くその他の環境問題

（1）PM2.5

PMとは粒子状物質（particle matters）の略であり、**PM2.5**とは、大気中を漂う微小物質で大きさが2.5ミクロン（髪の毛の太さの40分の1程度）のものを呼ぶ。人為由来と自然由来のものがあり、人為的なものは自動車の排出ガス、ボイラー（石炭燃焼）、塗装などによるものである。自然由来のものは、森林火災や黄砂などによるものである。大気中でガス状物質と化学反応して2次生成粒子を形成したり、有害な重金属が付着したりすることもある。

PMはタバコの煙にも大量に含まれ、ディーゼル車の排出ガスにもかなり含まれていたので、日本でもかつては多かったと推察される。肺の奥や血管に侵入しやすく、ぜんそく、気管支炎、肺や心臓の疾患を引き起こす可能性がある。高齢者、子ども、肺や心臓に疾患のある人は高リスクとされる。日本では、1年平均値が15μg/m^{3}以下、かつ、1日平均値が35μg/m^{3}以下を基準としている。

近年、PMは中国で増加しており、北京のアメリカ大使館が計測値を公表していたことが米中間の外交問題にもなった。2013年1月に北京で症状を訴える人が急増し、晴れの日でも日照が遮られて作物の生育に影響を及ぼすなど、大きな問題になった。日本の上記基準の10倍を超えることも珍しくない。そして、これが偏西風に乗って日本にも飛来し、特に九州・四国地方にも影響を及ぼしはじめている。環境省は「そらまめ君」（環境省大気汚染物質広域監視システム）の中で24時間情報を提供している。

2014年4月に韓国大邱市で開催された日中韓環境大臣会合では、PM2.5が最重要課題であるとする共同声明を採択し、共同研究と技術供与を行うことになった。

(2) イルカ漁と調査捕鯨問題

鯨類のうち大型（成体が4メートル以上）のものはクジラ、小型のものはイルカと呼ばれるのが一般的である。鯨については国際捕鯨委員会（IWC）が管理と保護のための議論を行っているが、イルカは各国が管理することになっている。

西欧でもノルウェーやアイスランドなどでクジラ漁の伝統があるが、鯨類は知能が高いために、その捕食は野蛮な行為であるとの考えが支配的である。これに対して、日本では万物に神が宿るとする見方の影響から鯨だけを特別視することは歴史的になく、また牛などの動物の肉を食べることを避ける歴史があったこともあって、鯨は貴重な資源とされてきた。こうした背景の中で日本における捕鯨発祥の地とされる太地町（和歌山県）で行われていたイルカの追い込み漁は、残酷であるとして、海外のNGOの非難の対象になった。また、その補殺現場を隠し撮りした映画も作られた。

日本は、国際捕鯨委員会（IWC）が1982年に**商業捕鯨**のモラトリアムを決めた後は、**調査捕鯨**のみを行ってきた。しかしオーストラリアが、捕獲頭数が多いことや鯨肉が市場で売られていることなどから南極海の日本の調査捕鯨の実態は商業捕鯨であるとして、国際司法裁判所に提訴し、2014年3月に違法であるとの判決が下された。日本は、方式を改善して継続しようとしたが、その矢先の同年9月にニュージーランドがIWCに日本の調査捕鯨の延期要請決議を提出し、それが可決されてしまった。鯨の頭数は増加しており、持続的な商業捕鯨も可能と見られるが、日本の対応がうまくなかったこともあって、こうした事態に至ったと言えよう。

その後日本は、IWCの延期要請決議には拘束力がないとして、南極海での調査捕鯨の再開を決め、2015年12月に船団を出航させた。これに対し、アメリカ、オーストラリアなど4カ国は共同で反対声明を出した。

①＿＿＿＿環境問題は温暖化問題以外にも、＿＿＿＿雨、＿＿＿＿層の破壊、

＿＿＿＿多様性、砂漠化、＿＿＿＿の越境移動など様々なものがあり、国際的な取り組みが行われている。しかし、そうした交渉は必ずしも容易ではない。その理由は多様であるが、各国が＿＿＿＿主権を持っていること、国によって＿＿＿＿段階や、＿＿＿＿体制、＿＿＿＿条件、＿＿＿＿的背景などが異なることがある。また環境問題に限らず、国際的な合意形成が困難化している背景には、超＿＿＿＿のリーダーシップの低下やそれを補うべき諸国の＿＿＿＿不足があると考えられる。

②第２次世界大戦の反省から、自由貿易が大事であるとの国際的な合意が形成され、1995年には国際機関としての＿＿＿＿が作られ、＿＿＿＿国待遇や＿＿＿＿民待遇などの原則が掲げられている。

③自由貿易によって、得意な産業の製品を輸出し、不得意な産業の製品を輸入することから生じるメリットや、同じ産業の中でも異なる（差別化された）製品をお互いに作って輸出しあうという＿＿＿＿分業のメリットが得られる。また、競争が強化されることによって、技術進歩などが進むという自由貿易の＿＿＿＿的な効果も期待される。

④しかし、自由貿易に対する懐疑論もある。産業構造の＿＿＿＿には相当のコストがかかるとか、将来性のある産業は保護して＿＿＿＿た後で、国際競争にさらすのがよいとか、貿易によって健康や安全が損なわれかねないといった考えである。こうした議論が、妥当な場合もあるが、自由化によって雇用や＿＿＿＿権を奪われることを恐れる人々が、こうした理由を掲げて自由化に反対することも多い。

⑤生産の＿＿＿＿で環境負荷が大きいことを理由に貿易制限ができるかどうかの議論を＿＿＿＿と呼ぶが、WTO によるエビと＿＿＿＿に関する審理では、外国における環境負荷も問題にしうるが、＿＿＿＿的適用の手段とならないような方法を選ぶ必要がある、との方向性が示された。

⑥エネルギー分野でも、＿＿＿＿の輸出などについては自由貿易原則をめぐって様々な問題が提起されている。また、APEC では環境製品の＿＿＿＿を引き下げる合意がなされた。

⑦ FTA や EPA は特定の国を相手に、貿易や投資の自由化を行うものであるが、いくつかの＿＿＿＿を満たすことを前提に例外的に容認されている。

_______は質の高いEPAとしてアジア太平洋の両側の4つの小国が始めたものであるが、太平洋での貿易自由化に遅れをとってしまったのではないかとの不安を抱いた_______がこれの拡大交渉を主導した。

⑧ TPPに参加すると、自由な貿易と投資が促進される一方で、_______業が衰退して_______の環境が悪化することを恐れたり、各国の実情に応じたエネルギーや環境に関する政策が_______障壁として変更を迫られたりするリスクを心配する人もいる。

⑨人の髪の毛の太さの40分の1ほどの大きさの粒子である_______による大気汚染が_______国で相当深刻化しており、これが_______風に乗ってしばしば西日本にも飛来するようになった。

⑩日本は伝統的にクジラや_______を捕食してきたが、国際社会ではその継続を問題視する声が強まっている。前者の捕鯨については、_______裁判所から、日本が南極海で行っていた_______捕鯨は違法であるとの判決が出された。後者についても、追い込み漁が海外の_______などから強く批判されている。

復習問題の解答

第１章

① 場、外生、内生
② 不変、使い
③ 事実解明的、規範的、価値
④ 原理、現実
⑤ 計画、今日（現在）
⑥ 予想、システマチック

第２章

① 同じくらい望ましいこと
② 他の誰かの効用を減らさないかぎり誰の効用も増加させられない状態
③ の余地がない
④ 効率性を評価する基準である
⑤ 契約曲線上の点である
⑥ パレート最適、限界代替率
⑦ 失敗、パレート、外部、公共、通時（動学）、失敗

第３章

① 化石、可採、ほぼ横ばいで推移して
② 磁、液、排気、アース、中国、下落、南鳥島、都市鉱山、開発途上
③ 価格
④ ホテリング、金利
⑤ 閾値、許容
⑥ 非可逆、閾値、拡散、混ぜ
⑦ 予防原則、リオ

第4章

① ナイト

② 確率分布、期待値、平均

③ 損、パラドックス、得

④ 逓減、効用、回避

⑤ 小さい、大きい、危険資産

⑥ 合理的期待形成

⑦ 非対称、したくない、事後

⑧ 依頼、代理

⑨ 安、知人、レモン、逆選択

⑩ モラル

第5章

① 規制、経済、補助、排出権、インフラ、情報

② 部分、一般、一般、ニューメレール

③ 価格、所得、劣等財、所得、平行、同じ

④ 価格、所得、効用、効率

⑤ 需要、効率

⑥ 消費者余剰、生産者余剰、政府の収支

⑦ 交点、均衡

⑧ 追加的な1単位、評価、コスト、逆転

⑨ 経済学で「望ましい」とする場合の基準は、(c) であるが、そうした水準が決まらない場合もある。その場合には (e) の状況になる。社会にとっての望ましさを評価する基準（社会的厚生関数）を定義すれば (b) に基づく議論ができるが、(c) が成り立たない場合には、公平性の問題に踏みこんだ判断をすることになる。しかし経済学は通常そこまで踏みこまない。したがって「(c)が基本であるが、それによって答えが1つに定まる問題は限られている」というのが結論となる。なお、(a) は、生産者余剰を考慮していないので、経済学の標準的なアプローチではない。(d) については、汚染などに関する問題では、消費者にとっては汚染が少ないほ

ど望ましく、企業にとっては汚染削減コストが少ないことを望むので、これが成立する可能性は少ない。

第6章

① 内部化、私的、社会的
② 限界的、ピグー税
③ 汚染防除
④ 炭素税、フィンランド、オーストラリア、低、100
⑤ 6、2
⑥ 受動喫煙、健康保険、6
⑦ 二重、グリーン

第7章

① 配分、効率性、公平性
② 排出権、限界排出削減、効率、知らなくてもかまわない
③ グランドファザリング、ベンチマーク、オークション
④ キャップ・アンド・トレード、ベースライン、クレジット
⑤ 2005
⑥ 大きく下落した
⑦ 自主参加、オークション、間接、削減規制、ボロウィング（前借）
⑧ 東京都、埼玉
⑨ 効率、効果、超過達成、ポリシー・ミックス（または組み合わせ）

第8章

① 市場、政府
② 直接、詳し、ない、代議制
③ 審議、委員、族議、政治主導
④ チェック＆バランス、NPO（民間非営利団体）、メディア、労働、文科、理科
⑤ 社会、市民、専門家

⑥　ソーシャル、信頼、ネットワーク

⑦　国民、討議、結果

⑧　司法、科学

⑨　専門、ELSI、市民

第9章

①　環境アセスメント、費用便益、テクノロジー・アセスメント（TA）

②　に遅れて、まだ少ない

③　2016年秋現在まだ設立されていない

④　部分、余剰、は少ない、国土交通省

⑤　補償変分（CV）、等価変分（EV）、効用、効用、所得、補償、大き

第10章

①　価値、顕示、表明、観察、客観、尋ねる、利用

②　お金、トラベル・コスト、ヘドニック、顕示、仮想評価、CVM、表明、バイアス、バルディーズ

③　A、P、所得、損失、利益、ガイドライン、国土交通

④　公共、想定、集団

⑤　行動

⑥　応用、便益移転、類似

⑦　コンジョイント、複数、報告者

⑧　逸失利益、収入、確率的生命価値

⑨　大き、自分

⑩　顕示、高

第11章

①　要素、産出（生産）、生産

②　経済、逓増、不経済、逓減、一定

③　逓増、逓減、最適、数、一定（不変）

④　多く、左下

⑤　多く、限界代替率逓減、凸
⑥　弾力性、１、大き、減少
⑦　小さ
⑧　データ、容易
⑨　パテ・クレイ、小さ
⑩　バックストップ、大、バックストップ

第12章

①　輸出、グリーン・ニューディール、韓国、グロース
②　EU、アジア太平洋経済協力（APEC）
③　高い、再生可能、高い、開発途上
④　貧困、工業、消費、収奪
⑤　環境クズネッツ、中央が上がっている
⑥　インフラ、重視、人間、飲料、伝染、
⑦　８、ミレニアム、持続可能性、飲料、トイレ、SDGs

第13章

①　２、増加している
②　京都議定、2012、６、アメリカ、４
③　購入、開発途上国、クリーン、CDM、リーケージ、ホット
④　2013、ロシア、記入、カナダ、15
⑤　アメリカ、中国（中国、アメリカの順も可）、鳩山由紀夫、25、原子力発電所の事故、２国間
⑥　アメリカ、自主、相互審査、中、韓
⑦　適応、ワルシャワ
⑧　達成できた、増加した、原子力発電所
⑨　2020、強い批判を浴びた、25.4％減、見劣りがする

第14章

①　バランス、転換

② 低、高、高、石油、３
③ 低、研究、立地、揚水、バック・エンド、事故
④ 再処理、プルトニウム、高速増殖、プルサーマル、最終、高速炉
⑤ 自給、原子力、都市、炭素
⑥ 規制、標準、発送電、地域、総括原価
⑦ 討議、国民、ベースロード
⑧ 太陽光、風力、地熱、２、ドイツ
⑨ 2012、住宅、同じ（一定の）、早、サー・チャージ
⑩ 太陽光、稼働

第15章

① 地球、酸性、オゾン、生物、有害物質、国家、発展、政治、自然、文化、大国、力
② WTO（世界貿易機関）、最恵、内国
③ 水平、動学
④ 転換、育て、既得
⑤ 方法（過程）、PPM、ウミガメ、差別
⑥ 天然ガス、関税
⑦ 条件、TPP（環太平洋［戦略的］経済連携協定）、アメリカ
⑧ 農、農村、非関税
⑨ PM2.5、中、偏西
⑩ イルカ、国際司法、調査、NGO

おわりに

本書では、各章で経済学の考え方を紹介しつつ、環境とエネルギーの問題を議論してきたが、「はじめに」と第１章「環境とエネルギーの経済学では何を学び、何を問題にするのか」に掲げた日本の環境とエネルギーをめぐる重要な諸問題への処方箋についてはこれまで明示的に示してこなかった。これは、それぞれの問題が複雑かつ困難で、初歩的な経済学のレベルを超えるためでもあるが、教科書として使われるであろうという本書の性格に鑑みて、特定の政策提言などを「これが正解である」として提示することには慎重であるべきと考えたためでもある。

しかし、環境とエネルギーの問題に関して経済学または経済的アプローチの有効性が高い、という著者の主張は、現実の重要な諸課題に関する処方箋を提示しなければ、中途半端なものになってしまうであろう。そこで、３つの大きな問題に関して粗削りではあるが筆者の考えを述べておこう。

(1) 価値判断基準の導入

まず、規範的な分析に用いる評価基準の問題である。第５章「政策手段と部分均衡分析」で議論をしたように、深刻な問題に対しては、単純な部分均衡分析で言えることは少ない。それではどうしたらよいのであろうか。

１つの現実的な基準は現状に比べてパレート改善になるかどうかを調べていくことであろう。関係者のすべての満足度が高まることは良いことであり、実現も比較的容易である。しかしこれには、２つの問題がある。第１は現状を無批判に追認するというリスクであり、あまり正当化できないような理由で既得権を持っているような人たちや、逆に不当に不利な立場に置かれている人たちがいるかもしれない。「本来どうあるべきか？」という視点を忘れてはいけない。第２は、一般に現状からのパレート改善は複数あることである。ウィン・ウィンといってもウィンの配分を誰に手厚くするかという問題である。そこで、公平性に関する具体的な基準を持ち出す必要が出てくる。このことは、上述の「本来どうあるべきか？」を検討するうえでも役立つ。

以下ではまず、公平性の基準に関して議論し、そのあとで、そうした枠組みで使うべき環境評価の手法について考えてみよう。

公平性の基準に関しては、ある程度の標準化された評価軸が必要であろう。平等をどの程度重視するかに関して参考になるのが、第11章「環境とエネルギーの技術」で紹介した代替の弾力性である。まず社会にとっての望ましさの度合いを表した社会的厚生関数を考え、それを所得に変換された個人の効用水準の関数として表す時、平等度をどの程度重視するかということと、その関数の要素間の代替の弾力性とが対応することになる。一方の極には、総和の大小のみを見る、完全代替型の関数がある。他方の極には、代替性をまったく認めることなく、社会の厚生水準は最も恵まれない構成員の状況によって決まるとする考え方がある。図表11-6「代替可能性」の２つの図の縦軸と横軸を、２人の個人の効用水準と読み替えて、無差別曲線を社会的な望ましさを表すものと置き換えて考えると両者の関係がわかる。この場合には、上記の両極の間でどの程度のところを志向しているかを、代替の弾力性という数値によって示すことになる。

もう１つの重要な軸は、事柄に関しての公平性とでも言うべきものである。同じ公平性でも、英語で言えばevenかどうかではなく、fairかどうかを問題にするものである。すなわち、何かのプロジェクトを行う際に、貢献の大きい人が利益を受け、責任のない人が被害をこうむることがないようになっているかどうか、という尺度である。ここでは、プロジェクトごとに問題の構造が違うし、既得権の根拠をどのように評価するかといった点も絡むので、標準的な手法は作りにくい。しかし、下記のような方法で「痛みの指標」が整備されるならば、数値化が促進され、それを通じてこの意味での公平性の評価の仕組みの方法もおのずからできていくことであろう。

ここで重要なことは、第10章「環境の経済的価値」で説明したような環境評価の手法を活用して、深刻な被害の程度を個人ごとあるいは個人のグループごとに推計していくことで、それを補償額の算定の根拠としたり、プロジェクトのもたらしうる被害の推計に使ったりしていくことである。しかし、この方法には2つの大きな懸念がある。第1は、WTP（支払い意思額）が標準として使われることである。これは、環境被害の所得効果を無視するという点では、部分均衡分析と同じ問題を持っている。第2はバイアスの問題である。調査の対象者がすでにこうむった被害や、こうむる可能性の高い被害について、補償額算定に結び付く可能性を含んだ形で調査を行うことはいわゆるゴネ得などの深刻なバイアスを惹起する懸念がある。

より現実的だと思われるアプローチは、環境被害に関するデータベースを構築することによって、いわば「痛みの評価基準」をあらかじめ整備していくことである。各種の健康被害に加えて、転居を余儀なくされた場合、家族が分かれて住まざるをえなくなった場合、先祖の墓参が困難になる場合など、状況に応じた痛みの程度を標準的指標として整備していくことである。この際には、最近発展してきた幸福度研究と連携していくことが有益であると思われる。例えば、主観的幸福度に対する所得の寄与と、上記のような環境の様々な要因の寄与がそれぞれ推計できるならば、環境の様々な要因の金銭的評価がよりバイアスの少ない形で可能になる。また、そうした評価が、当該個人の所得にどのように影響されているかを調べることによって、所得効果の問題にも適切に対応することができるであろう。

(2) 不確実性の処理

環境・エネルギー分野における不確実性に関する経済学的な取り組みについては、第4章「不確実性と情報の経済学」で学んだCATボンドやお天気保険などの普及はあるものの、必ずしも進んではいない。一方で、近年の原子力発電所の再稼働などをめぐる議論を見ると、大きなモラル・ハザードがあって、これが建設的な議論を妨げているように思える。

それは、安全性を審査する専門家や再稼働を判断する国の責任者は、もし事故が起きて深刻な被害が生じても個人として大きな責任は取らないという体制から生じている。膨大な被害が生じた場合には、電力会社の負担には限度があるので、国が負担を肩代わりすることになるが、その財政負担を負うのは結局は国民である。また専門家は多くの場合に、学問的な専門家であって、何かができるはずかどうかに関する審査はできるが、できるはずのことが実際にできるかどうか、に関する専門家ではない。すなわち、営利企業に任せた場合や、設計者の意図を必ずしも十分に理解していない下請け・孫請け業者が実施にあたった場合には、それが本当に実現できるのか、という面での判断を下すことができる専門家ではない。

適切な規制や審査を行うことは、もちろん重要ではあるが、このような状況を考える時には、規制や審査に加えて、適切なインセンティブ（誘因）が働くような制度を設計しておくことが重要であると思われる。

具体的には「原子力安全債」（仮称）という債券を発行して、被害や損失の負担者をあらかじめ用意することである。原子力安全債は、通常の国債や社債よりは高い利回りを設定して募集するが、事故が起きた際には、その事故の程度に応じて元本の一部または全部が、損害賠償も含めた事故処理費用に充てられることを想定した債券である。原子炉ごとに電力会社が発行し、これに十分な金額が集まったものだけが再稼働・新設ができるというようにするのである。このようにすれば、公的機関の安全審査を通った案件について、市場がリスクを追加的に審査することになる。利回りを通常の債券より高くすることは電力会社にとって資金コストが高まることを意味しているが、原子力発電のコストが他の発電方式より安いのであれば、その差額から将来に得られる利益に相当する分までは金利を高く設定できるはずである。そして、公募入札によって決まった金利がそれより安ければ、その差額に相当する部分は電気料金の圧縮を通じて国民に還元することになる。一方で、コスト差から得られる将来収益に見合うだけの金利を上乗せしても、その原子力安全債が消化できないということであれば、リスクを織り込んだ場合には、原子力発電は他の発電方式よりも高コストになると市場が判断をしたということであるので、再稼働・新設はするべきではないということになる。

さらに、原子力発電にかかわる電力会社社員のボーナスや、原子力の安全審査にかかわる審議会の委員の報酬などをこの原子力安全債で支払い、しばらくの期間は転売を禁止にすれば、事故防止へのインセンティブを高めることもできるであろう。万一事故が起きた際にも、一般国民の負担ではない形で被害の補償ができることになる。

(3) 環境破壊の防止策

日本の環境影響評価法においては、事業者が環境アセスメントを行って、環境に与える影響を勘案し、環境負荷が少ない選択肢を選ぶことが要請されている。このプロセス自体が不十分であることは第9章「環境評価」で説明したとおりであるが、もっと大きな問題は、環境を破壊した場合には、あるいは環境に負荷を与えた場合には、代償措置（原状回復が困難な場合には、破壊したものと同等のものを別途に作ること）を講じることを事業者に義務づける規定が日本にはないことである。この点で、義務づけ規定のあるアメリカやドイツの環境アセスメントに比べて質的に異なるものになっている。

もちろん、環境破壊の程度をどのように計測するのか、また代償措置として作られた生物多様性などをどのような指標で評価するのか、そして異なる場所での代償措置が本来の意味での代償になっているのか、などの課題に関しては様々な技術的問題がある。この点は本書の域を超えるので踏み込まないが、代償措置に対する義務規定がないために、日本では環境アセスメントが形骸化し、いわばアリバイ作り的な作業になっている。決められたプロセスに則って環境アセスメントを行い、住民の意見も聞き、環境負荷が一番少ない方法を選んだ、という説明ができさえすれば、環境アセスメントの基準を満たすことになるからである。このことは、環境アセスメントが、環境を破壊したり環境負荷を増加させたりする開発行為に関する免罪符としての役割まで果たしている可能性を示唆しているように思われる。こうした状況を改善するためには、どのようにしたらよいのであろうか？

そのためには、日本で代償措置に対する義務規定が置かれていない理由を考える必要がある。

①日本では降水量が多く、日照も豊かで、国土面積に占める森林の比率は高く、自然環境はふんだんにあるとの意識が強かった。

②一方で国土の地理的条件が厳しく、道路や鉄道の敷設や災害対策などの重要性が高く、そのためにはある程度の環境負荷はやむをえないとの意識が

国民の間にも強かった。

③欧米では未開発の乾燥地帯に水を引いて緑豊かな自然を作り出し、それを囲って人間が入らないようにして、それを代替とすることが典型である。しかし日本の国土は隅々まで緑豊かで、それなりに利用しつくされているので、人間が使わない自然を新しく作り出すという発想が非現実的であった。

④こうした背景の下に政府も開発を重視し、環境保全への配慮は副次的であった。

などが理由としてあげられるだろう。

こうした状況に対応するためには、①に関しては、環境の種類を区分し、日本の恵まれた自然環境の下でも容易には復元されないような種類の環境負荷については、代償措置を義務づける方向を打ち出す必要があるであろう。といってもこれをいきなり実施することは困難であるので、周知期間を設けたうえで段階的に導入していくことが有益であろう。

②に関しては、失われる自然環境の金銭的評価を原則として義務づけ、プロジェクトのメリットとデメリットを総合的に評価する枠組みを導入することであろう。第10章「環境の経済的価値」で議論したように、環境価値の金銭的評価には様々な問題が残されている。これらを絶対的なものとして取り扱う必要はないが、定性的な議論に終始せずに数字に落としこんでみることによって、議論は活性化し、より環境負荷の少ない選択肢へのシフトを促す有効な手段となるであろう。

③に関しては、導入が義務づけられる代替措置は、荒廃した里山の整備や耕作放棄地の再興などでもよいとして、その評価手法を整備することである。また、事業者自身が代替措置を実施しなくても、専門業者に整備を依頼したり、そうした整備を行っているNPOなどからのクレジットの購入という方法も認めていくことが望ましい。

こうした方策を講じることで、日本の環境アセスメントが実効性があり、かつ無理のないものになっていくことが期待される。

環境問題とエネルギー問題は、日本と世界の未来にとって死活的に重要な課題である。経済学がこの分野で少しでも意味のある貢献ができるように、研究と実践が進むことをおおいに期待するところである。

索　引

【カ行】

【サ行】

【タ行】

【ナ行】

【ハ行】

【マ行】

【ヤ行】

【ラ行】

【著者紹介】
大守　隆（おおもり　たかし）
東京大学工学部卒業、英国オックスフォード大学経済学博士。
旧経済企画庁で、計量分析や『経済白書』の作成などに携わる一方で、東京大学教養学部講師、国立環境研究所地球環境経済モデル検討会委員、大阪大学経済学部教授などを歴任。その後、内閣府で、国際経済業務や経済統計などの分野に従事する。退官後は、外資系証券会社のチーフエコノミスト、統計委員会委員・統計基準部会長、内閣府政策参与・APEC経済委員会議長、東京都市大学環境学部教授などを経て、現在は国立研究開発法人科学技術振興機構・社会技術研究開発センター領域総括（持続可能な多世代共創社会のデザイン領域）。
主な著書に、『介護の経済学』（共著）、『ソーシャル・キャピタル――現代経済社会のガバナンスの基礎』（共編著）、『日本経済読本』（第15、16、19、20版、共編著）以上すべて東洋経済新報社がある。

入門テキスト　環境とエネルギーの経済学

2016年12月8日発行

著　者――大守　隆
発行者――山縣裕一郎
発行所――東洋経済新報社
〒103-8345　東京都中央区日本橋本石町 1-2-1
電話＝東洋経済コールセンター　03(5605)7021
http://toyokeizai.net/

装　丁…………吉住郷司
DTP・印刷……東港出版印刷
製　本…………積信堂
編集担当………村瀬裕己

ISBN 978-4-492-31487-6